Lightroom
完全自学一本通

刘彩霞 编著

电子工业出版社
Publishing House of Electronics Industry
北京·BEIJING

内容简介

本书主要讲解Lightroom软件对图片的精确管理以及完美修饰，具有较强的实践性与操作性，使读者可以快速掌握Lightroom软件必备的知识点与操作技能。

本书采用理论知识与案例相结合的讲解方式，在案例的讲解中通过对照片存在的问题进行具体分析，为读者理清基本的修调思路，进行有针对性的调整。除此之外，对于Photoshop软件的应用，也是通过一个个具有代表性的案例解读来实现的。

随书光盘中附赠书中案例的素材及后期处理教学视频。

本书适合零基础的读者阅读，即使之前并未接触过Lightroom软件，通过本书的学习也可以轻松地掌握该软件的基本操作技能，实现快速精确地修调照片。

未经许可，不得以任何方式复制或抄袭本书之部分或全部内容。

版权所有，侵权必究。

图书在版编目（CIP）数据

Lightroom完全自学一本通 / 刘彩霞编著. -- 北京：电子工业出版社，2016.9
ISBN 978-7-121-29800-4

Ⅰ. ①L… Ⅱ. ①刘… Ⅲ. ①图像处理软件 Ⅳ. ①TP391.41

中国版本图书馆CIP数据核字（2016）第203263号

责任编辑：姜　伟
文字编辑：赵英华
印　　刷：北京捷迅佳彩印刷有限公司
装　　订：北京捷迅佳彩印刷有限公司
出版发行：电子工业出版社
　　　　　北京市海淀区万寿路173信箱　邮编：100036
开　　本：787×1092　1/16　印张：24.25　字　数：620.8千字
版　　次：2016年9月第1版
印　　次：2020年3月第4次印刷
定　　价：99.00元（含光盘1张）

凡所购买电子工业出版社图书有缺损问题，请向购买书店调换。若书店售缺，请与本社发行部联系，联系及邮购电话：（010）88254888，88258888。

质量投诉请发邮件至zlts@phei.com.cn，盗版侵权举报请发邮件至dbqq@phei.com.cn。

服务热线：（010）88254161~88254167转1897。

关于 Lightroom

Lightroom 是一款为专业数码摄影设计的、功能强大的图像处理软件。其优秀的图像处理引擎，以及所提供的一整套后期处理方案是其他图像处理软件所不具备的。因此，认识与学习该软件已成为专业后期制作必备的一项技能。本书将着眼点放在具体案例的剖析与讲解上，只为给读者带来更为直观的学习体验，使读者牢固掌握快速修调与处理照片的技法，并熟悉从照片导入、组织、管理、修饰到输出这一基本的工作流程。

主要内容

本书共分为 13 章。

第 1 章　Lightroom 的初步认知，通过对 Lightroom 的基本了解和对其特性的认识，使读者对该软件有一个宏观的印象。

第 2 章　Lightroom 的功能简介，讲解了 Lightroom 的基本功能，并简要地介绍了该软件对照片的处理流程。

第 3 章　Lightroom 中照片的导入，从 Lightroom 后期处理的第一个环节开始讲解，使读者熟练掌握照片导入的相关知识。

第 4 章　用图库管理照片，通过讲解 Lightroom 组织和管理照片的相关知识，使读者能够更加便捷地对照片进行管理。

第 5 章　照片的完美修饰，作为本书的一个重要部分，通过对各类照片修调方法的讲解，使读者可以轻松地对照片进行批量处理。

第 6 章　关于照片的导出，主要讲解将修调好的照片导出到外部设备的相关知识，也就是所谓的图像输出。

第 7 章　幻灯片的神奇魅力，讲述通过 Lightroom 制作各种有趣的幻灯片，以便和大家一起分享自己满意的作品。

第 8 章　打印知识我知道，如果要珍藏某些作品，还可以根据本章讲述的方法，将照片打印出来并妥善保存，以便日后随时欣赏。

第 9 章　Web 画廊知多少，在 Lightroom 中提供了不同的画廊模块，可以根据自己的喜好，上传并分享我们的作品。

第 10 章　使用 Lightroom 处理自然景观照片，通过五大实例的具体讲解，使读者对自然景观类照片的修调和处理有更为清晰、直观的认识。

第 11 章　使用 Lightroom 处理城市风情照片，主要讲解城市风情类照片修调与处理的相关技能。

第 12 章　使用 Lightroom 处理人文照片，主要讲解人文类照片修调与处理的相关技能。

第 13 章　使用 Lightroom 处理人物照片，主要讲解人物类照片修调与处理的相关技能。

光盘说明

本书的配套光盘中包含所有综合实例的原始素材和最终效果图，书盘结合，构成了超值的学习套餐，便于读者同步练习。

本书由西安工程大学刘彩霞编著，其他参与编写的人员有钱政娟、郝红杰、关敬、龚凯、钮磊、阎河、侯郁、王东华、马晓彤、刘波、李丽娟、师立德、刘晖。

CHAPTER 1
Lightroom 的初步认知 ············ 1

1.1　Adobe Photoshop Lightroom 5 是什么？ ··· 2
1.2　选择 Lightroom 的理由 ······················ 6
　　1.2.1　流程的完整性 ························· 6
　　1.2.2　操作的简便性 ························· 6
　　1.2.3　处理的高效性 ························· 7
　　1.2.4　步骤的可逆性 ························· 7
　　1.2.5　质量的优越性 ························· 7

CHAPTER 2
Lightroom 的功能简介 ············ 9

2.1　了解操作界面 ································ 10
　　2.1.1　知识点：LR5 功能区展示 ············ 10
　　2.1.2　知识点：功能面板的显示和隐藏······ 10
　　2.1.3　知识点：显示副窗口 ················· 11
　　2.1.4　知识点：工作界面的设置方法········ 12
　　2.1.5　手动操练：LR5 身份标识的设计方法 ···· 15
2.2　LR5 的完整后期 ····························· 16
　　2.2.1　图库 ··································· 16
　　2.2.2　修改照片 ····························· 16
　　2.2.3　地图 ··································· 17
　　2.2.4　画册 ··································· 17
　　2.2.5　幻灯片放映 ·························· 18
　　2.2.6　打印 ··································· 18
　　2.2.7　Web ·································· 19

CHAPTER 3
Lightroom 中照片的导入 ········ 21

3.1　导入照片时的相关设置 ······················ 22
　　3.1.1　知识点：导入预设设置················ 22
　　3.1.2　知识点：选择导入源·················· 23

3.1.3 手动操练：选择导入方式 …………………… 24
3.1.4 知识点：存储照片的位置 …………………… 28
3.1.5 知识点：文件处理选项的设置 ……………… 29
3.1.6 手动操练：导入时给照片命名并添加信息… 29

3.2 自动导入的设置 …………………………………… 31
3.2.1 手动操练：监视的文件夹设置方式 ………… 31
3.2.2 手动操练：目标文件夹设置方式 …………… 32

3.3 联机拍摄 …………………………………………… 32
3.3.1 手动操练：用佳能相机联机拍摄 …………… 32
3.3.2 手动操练：其他相机联机拍摄 ……………… 33

3.4 关于导入设置 ……………………………………… 35
3.4.1 知识点：LR5 的文件预览选项 ……………… 35
3.4.2 知识点：定义标准预览质量 ………………… 36
3.4.3 知识点：文件重命名 ………………………… 36
3.4.4 知识点：在导入时应用 ……………………… 37

CHAPTER 4
用图库管理照片 ………………… 39

4.1 "图库"模块概述 …………………………………… 40
4.1.1 知识点："图库"界面 ………………………… 40
4.1.2 知识点：功能面板的显示或隐藏 …………… 40
4.1.3 知识点：图库过滤器选项的显示或关闭 …… 41
4.1.4 知识点：图库工具栏中选项的显示或隐藏… 42

4.2 在不同的视图模式下查看图片 …………………… 42
4.2.1 知识点：四种不同的视图模式 ……………… 42
4.2.2 知识点：转换不同的视图模式 ……………… 47

4.3 标记你的照片 ……………………………………… 47
4.3.1 知识点：胶片窗格的基本操作 ……………… 47
4.3.2 知识点：旗标、星标与色标的标注方式 …… 49
4.3.3 知识点：旗标的作用 ………………………… 50
4.3.4 知识点：添加标记的快速方法 ……………… 51
4.3.5 知识点：添加关键字 ………………………… 52

4.4 用堆叠方式整理照片 ……………………………… 53
4.4.1 手动操练：照片堆叠的创建 ………………… 53
4.4.2 手动操练：照片堆叠的使用 ………………… 54

4.5 照片元数据的查看和添加 ················ 57
    4.5.1 手动操练：查看元数据的方法·········· 57
    4.5.2 手动操练：照片拍摄日期的更改········ 57
    4.5.3 知识点：添加照片的关键字············ 58
    4.5.4 手动操练：为多张照片添加相同的IPTC
        元数据······························ 61
    4.5.5 手动操练：查找照片·················· 63

4.6 多个目录的创建和使用 ················· 65
    4.6.1 知识点：创建多目录的好处············ 65
    4.6.2 手动操练：多个目录的创建············ 65
    4.6.3 手动操练：多个目录的使用············ 66

4.7 目录的备份 ·························· 68
    4.7.1 手动操练：备份目录的基本做法········ 68
    4.7.2 手动操练：损坏的目录怎么恢复········ 69

4.8 照片丢失后重新链接 ·················· 70
    4.8.1 知识点：照片链接丢失的判断方法······ 70
    4.8.2 手动操练：照片链接怎样重新建立······ 71

CHAPTER 5
照片的完美修饰 ················ 73

5.1 照片的快速调整法 ···················· 74
    5.1.1 手动操练：照片风格的转换············ 74
    5.1.2 手动操练：色调的快速调整法·········· 75
    5.1.3 手动操练：如何快速修改照片·········· 76

5.2 裁剪照片 ···························· 78
    5.2.1 手动操练：裁剪方法·················· 78
    5.2.2 知识点：裁剪网格···················· 79
    5.2.3 手动操练：裁剪照片突出主体·········· 81

5.3 校正工具 ···························· 83
    5.3.1 手动操练：校正方法·················· 83
    5.3.2 手动操练：调整画面色调·············· 86

5.4 照片本色还原法 ······················ 89
    5.4.1 手动操练：用采点工具设置白平衡······ 89
    5.4.2 知识点：用色温和色调设置白平衡······ 91
    5.4.3 手动操练：还原画面的真实色彩········ 92

5.5	污点去除工具	94
	5.5.1 手动操练：查找污点	94
	5.5.2 手动操练：去除污点	95
	5.5.3 手动操练：多张照片上相同的污点同时去除	96
	5.5.4 手动操练：修复画面中的污点	97
5.6	手动操练：红眼校正	98
5.7	局部调整照片	99
	5.7.1 手动操练：渐变滤镜	99
	5.7.2 手动操练："调整画笔"工具	107
	5.7.3 手动操练：给天空增加层次	110
5.8	调整影调	113
	5.8.1 知识点：直方图	113
	5.8.2 手动操练：调整曝光	114
	5.8.3 手动操练：调整曲线	115
	5.8.4 手动操练："腾龙黄"消除法	118
	5.8.5 手动操练：HDR效果的实现	120
	5.8.6 手动操练：调整光线	122
5.9	调整单个颜色	125
	5.9.1 手动操练：用"HSL"调整颜色	125
	5.9.2 手动操练：在"颜色"面板中调整颜色	125
	5.9.3 手动操练：调整出画面的自然色调	126
5.10	黑白世界的魅力	128
	5.10.1 知识点：黑白摄影适用的题材	128
	5.10.2 知识点：更适合转为黑白效果的彩色原片	131
	5.10.3 知识点：黑白转换的简易方法	132
	5.10.4 手动操练：黑白转换的进阶方法	133
	5.10.5 手动操练：分离色调效果	135
	5.10.6 手动操练：将荷花照片转换为黑白效果	136
5.11	锐化与噪点的降低	140
	5.11.1 知识点：图像的锐化	140
	5.11.2 知识点：噪点的降低	146
	5.11.3 手动操练：降低画面中的噪点	148
5.12	镜头校正	150
	5.12.1 手动操练：启用配置文件校正	150
	5.12.2 手动操练：手动修复镜头变形	151

   5.12.3 手动操练：消除照片的倾斜变形 ………… 151
 5.13 暗角和收光效果 ………………………………… 153
   5.13.1 手动操练：镜头暗角的消除方法 ………… 153
   5.13.2 手动操练：收光效果的实现 ……………… 155
   5.13.3 手动操练：消除画面中的暗角 …………… 156
 5.14 相机校准 ………………………………………… 157
   5.14.1 手动操练：自动校准 ……………………… 157
   5.14.2 手动操练：颜色的调校 …………………… 158
   5.14.3 手动操练：保存为预设 …………………… 158

CHAPTER 6
关于照片的导出 ……………… 159

 6.1 设置导出的相关选项 …………………………… 160
   6.1.1 知识点：导出对话框的打开方式 ………… 160
   6.1.2 手动操练：确定存放导出照片的位置 …… 160
   6.1.3 手动操练：重命名导出的照片 …………… 161
   6.1.4 手动操练：导出照片格式的设置方法 …… 162
   6.1.5 手动操练：导出照片大小的调整 ………… 163
   6.1.6 手动操练：导出照片锐化值的设置 ……… 164
   6.1.7 手动操练：管理导出照片的元数据 ……… 164
   6.1.8 手动操练：版权水印的添加方法 ………… 165
   6.1.9 知识点：后期处理导出的照片 …………… 167
   6.1.10 手动操练：利用增效插件导出照片的
      方法 ………………………………………… 168
   6.1.11 手动操练：使用上次设置导出照片 ……… 169
 6.2 导出照片时使用预设的方法 …………………… 169
   6.2.1 手动操练：使用系统预设导出照片 ……… 169
   6.2.2 手动操练：导出照片时使用自定预设 …… 170
 6.3 导出照片时使用"发布服务" …………………… 171
   6.3.1 手动操练：发布链接的建立方式 ………… 172
   6.3.2 手动操练：上传照片时使用发布链接 …… 174
   6.3.3 手动操练：发布链接和文件夹的管理 …… 175

CHAPTER 7
幻灯片的神奇魅力 ……………… 177

- 7.1 "幻灯片放映"的独特魅力 ……………… 178
  - 7.1.1 知识点："幻灯片放映"模块的面板和工具 ……………… 178
  - 7.1.2 手动操练：幻灯片制作的基本流程 ……… 178
- 7.2 打造更具个性的幻灯片 ……………… 183
  - 7.2.1 手动操练：幻灯片版面的调整 ……………… 183
  - 7.2.2 手动操练：给照片添加边框 ……………… 184
  - 7.2.3 手动操练：给幻灯片设置背景并添加投影 … 185
  - 7.2.4 手动操练：幻灯片的"身份标识" ……… 187
  - 7.2.5 手动操练：添加其他文字到幻灯片中 …… 189
  - 7.2.6 手动操练：将版面设计保存为模板 ……… 192
  - 7.2.7 手动操练：幻灯片换片和持续时间的设置 … 192
  - 7.2.8 手动操练：添加幻灯片的片头和片尾 …… 193
  - 7.2.9 手动操练：在幻灯片中添加背景音乐 …… 194
- 7.3 通用格式文件如何导出 ……………… 195
  - 7.3.1 手动操练：在收藏夹中存储幻灯片 ……… 195
  - 7.3.2 手动操练：将幻灯片导出为PDF文件 …… 196
  - 7.3.3 手动操练：将幻灯片导出为MP4视频文件 ……………… 197
  - 7.3.4 手动操练：将幻灯片导出为JPEG文件 …… 197

CHAPTER 8
打印知识我知道 ……………… 199

- 8.1 "打印"模块简介 ……………… 200
  - 8.1.1 知识点："打印"模块界面展示 ……… 200
  - 8.1.2 手动操练：可以实现快速打印的预设模板 … 200
- 8.2 打印的版面布局调整 ……………… 202
  - 8.2.1 知识点：两个面板调控版面布局 ……… 203
  - 8.2.2 手动操练：辅助设计面板 ……………… 206
  - 8.2.3 手动操练：给打印版面中添加照片 ……… 208
  - 8.2.4 手动操练：调整照片尺寸并旋转 ……… 210
  - 8.2.5 手动操练：在打印版面中删除照片 ……… 211

8.3 给需要打印的照片添加文字 ·················· 212
    8.3.1 手动操练：在打印版面中添加
         "身份标识"···························· 212
    8.3.2 手动操练：页面信息和元数据文字的
         添加方法······························ 213
8.4 打印设置 ··· 214
    8.4.1 手动操练：打印分辨率和打印锐化的设置··· 214
    8.4.2 知识点：打印面板中色彩管理的设置········ 215
    8.4.3 手动操练：当前打印页面的存储·············· 217

CHAPTER 9
Web 画廊知多少 ·············· 219

9.1 几分钟创建出自己的 Web 画廊············ 220
    9.1.1 知识点："Web"模块界面 ···················· 220
    9.1.2 手动操练：Web 画廊的快速创建流程 ····· 220
9.2 Web 画廊的布局调整 ·························· 225
    9.2.1 手动操练：Flash 画廊的布局调整 ········· 225
    9.2.2 手动操练：HTML 画廊的布局调整 ········ 226
    9.2.3 手动操练：Airtight 的Web 画廊布局 ····· 227
9.3 更改 Web 画廊的颜色 ························ 228
    9.3.1 手动操练：HTML 画廊颜色的更改 ········ 228
    9.3.2 手动操练：更改Flash 画廊的颜色 ········· 229
9.4 自定画廊模板的存储和使用 ················ 230
    9.4.1 手动操练：存储修改后的Web 画廊 ······· 230
    9.4.2 手动操练：模板的更新和删除··············· 230
9.5 Web 画廊的导出和上传 ······················ 232
    9.5.1 手动操练：Web 画廊的导出 ················· 232
    9.5.2 手动操练：Web 画廊的上传 ················· 233

CHAPTER 10
使用 Lightroom 处理自然景观照片 235

- 10.1 金色的原野 237
- 10.2 湛蓝天空 245
- 10.3 阴雨天画面 251
- 10.4 夜幕下的河流 254
- 10.5 光线不足时拍摄的照片 262

CHAPTER 11
使用 Lightroom 处理城市风情照片 267

- 11.1 简单明快的罗马建筑 269
  - 一、地面部分的调整 271
  - 二、天空部分的调整 278
  - 三、图像合成处理 284
- 11.2 浓雾下的大桥 286
- 11.3 经典欧式古建筑 295
  - 一、建筑部分的调整 297
  - 二、天空部分的调整 300
- 11.4 历史的轨迹 303

CHAPTER 12
使用 Lightroom 处理人文照片 313

- 12.1 勾出馋虫的开胃菜 315
- 12.2 玻璃建筑的透明世界 323
- 12.3 怀旧色调的港湾 331
- 12.4 清晨的古镇 335

一、建筑部分的调整·················337
二、天空部分的调整·················343

CHAPTER 13
使用 Lightroom 处理人物照片… 351

13.1 凝望 ································ 353

13.2 沙滩上的童趣 ······················ 362

CHAPTER 1
Lightroom 的初步认知

目　　的：从 Lightroom 的来龙去脉讲起，使读者初步了解 Lightroom 的概念和存在的意义。
功　　能：在使用 Lightroom 软件之前，可以更好地了解软件的相关知识。
讲解思路：概念→作用→使用范围
主要内容：什么是 Lightroom、为何使用 Lightroom

本章旨在让更多的人了解 Lightroom，知道它的来历和作用，才能更好地使用它。Lightroom 是一款真正为数码摄影而设计的软件。它强大的地方并不仅仅在于它优秀的图像处理引擎，更是因为它为整个数码后期处理提供了一套完整的解决方案，尽善尽美又细心周到。

1.1 Adobe Photoshop Lightroom 5 是什么？

Adobe Photoshop Lightroom 5 是 Adobe 公司推出的一款图像应用软件，专为数码照片后期处理服务。它具备强大而易用的自动调整功能以及各种最先进的工具，可让处理的图像达到最佳品质。

Photoshop Lightroom——这款全新的图像处理软件是由 Adobe 公司在 2007 年首次推出的。时至今日，Lightroom 的主要版本已经更新到了第 5 个——Lightroom 5。

Lightroom 不仅仅是一款图像处理软件，更是一套数码摄影后期处理的完整解决方案。

Lightroom 可以解决从照片导入、组织、管理、修饰到输出的所有数码的后期处理问题。这一套非常完善的数码后期处理流程，是由不同的模块组合而成的，每一个模块都可以完成各自独有的功能。

Lightroom 提供的图库模块是一个可以浏览和组织管理图像的模块，同样的工作，在这里你可以更加轻松高效地完成。为了便于更好地浏览照片，Lightroom 提供了不同的视图模式。在图库模块中，还可以利用各种工具方便地标记照片、比较照片、组织和整理照片。如果掌握了旗标、色标、星标、关键字、元数据、收藏夹、智能收藏夹等功能，照片的组织工作会变得前所未有的方便和快捷，即使在数以万计的照片中，也能以难以置信的速度找到需要的那一张。

CHAPTER 1　Lightroom 的初步认知

在图库模式中组织好照片以后，可以进入 Lightroom 的修改照片模块。这是一个最让人感觉兴奋的模块。因为 Lightroom 在这个模块中提供了非常强大的照片修饰工具，只需要简单地拖曳几个命令滑块，就可以通过各种调整修饰让照片变得更美观、更出色。

在修饰完照片之后，如何输出照片就是下一步需要考虑的事情。各种不同的可能Lightroom都考虑到了，还为此提供了许多不同的模块。

在Lightroom的打印模块中，可以在不同的版面布局中挑选自己喜欢的来打印照片。同时Lightroom还提供了完善的色彩管理和校样设置。

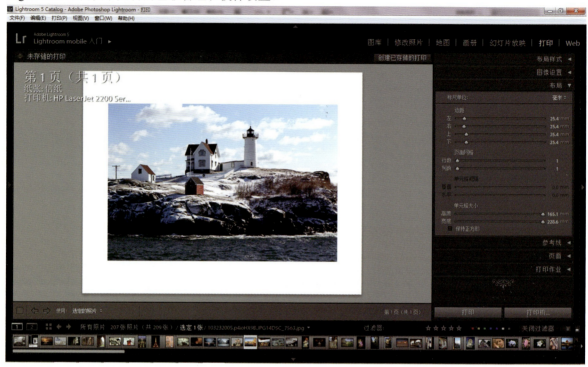

在Lightroom的幻灯片放映模块中，可以选择特定的照片制作成幻灯片，放映给朋友们观看。

在 Lightroom 的 Web 模块中，可以制作属于自己的网络相册。

即使不懂得任何代码和语言，不知道 HTML，不了解 JavaScript，不清楚 Flash，这一切都没有关系，因为 Lightroom 可以轻松解决一切问题。

在 Lightroom 的画册模块中，可以制作自己的画册。

在 Lightroom 的地图模块中，可以通过地理坐标来索引相关照片。

当然，修饰照片外观只是数码后期处理的一部分。甚至有很多人都不需要对自己的照片做任何修饰。但是，将照片导入计算机总是必需的，之后就难免需要组织和整理一下照片所在的文件夹。如果需要分享图片，也总是要想办法和朋友一起分享。这样的经历对于每个拍照的人来说，或多或少都是不可避免的，不管是使用自己喜欢的软件，还是仅仅依靠 Windows 来完成这些事情。对于 Lightroom 来说，都可以让这一切都变得更简单、更快捷。

1.2 选择 Lightroom 的理由

在琳琅满目的图像处理软件中，选择 Lightroom 的理由是什么呢？每个人的喜好与选择都是不一样的，但是，究竟是哪些因素决定了 Lightroom 可以成为最好的选择，或者至少是值得认真考虑的选择呢？下面就一起来了解一下吧！

1.2.1 流程的完整性

毋庸置疑，数码后期处理其实是一个包括多个步骤的完整流程，而不仅仅只是一个方面的工作。是否选择某一款软件，评判的标准之一就是要看它在这个流程的每一个环节能否做到更好。Lightroom 可以通过图库、修改照片、打印等不同的模块，为使用者提供一套非常全面的数码后期解决方案。对于数码后期的处理过程了解越多，就会越明白自己究竟需要哪些东西，而 Lightroom 所能提供的便利就会变得越来越明显。

数码后期处理的 3 个主要步骤如下图所示。

上图展示的是 Lightroom 不同模块的主要职责分布图。将这两幅图结合起来看，可以对 Lightroom 的概念有一个更加全面和完善的了解。联合使用这些不同的模块，Lightroom 可以提供一套完整的解决方案，完成数码后期处理的所有步骤。

1.2.2 操作的简便性

> 如果接触过 Photoshop 这种复杂软件，那么就会知道 Lightroom 是一款多么简单的软件。学习 Lightroom 时，不需要记住几百个命令、上百组快捷键，只需要移动面板中的几个滑块就可以轻松实现数码后期处理中最重要的调整。同时，Lightroom 的每一个命令都是紧密围绕摄影这个中心展开的，几乎没有任何多余的命令。这让 Lightroom 的整个操作界面和命令面板看上去都显得非常整洁、简单而易于操作。Lightroom 最让人惊叹的地方，在于它可以用最便捷的工具完成最复杂的效果、用最简单的步骤实现最优异的结果。

1.2.3 处理的高效性

如果有一台配置很高的计算机，同时拥有 64 位操作系统，那么 Lightroom 运行速度的优势就可以立刻体会到！即使这些优越的条件都不具备，依然能够感受到 Lightroom 的快速和高效，因为 Lightroom 的快速高效并不仅仅体现在运行速度上，而更多地体现在软件功能上。

整个数码后期的处理流程都可以用 Lightroom 非常高效地串联起来，在同一个软件中完成所有事情，甚至可以不进入存储照片的真实文件夹。多张不同的照片都可以非常方便地同时处理，更可以将你的设置应用到任何你所喜欢的照片上。同时，还可以存储各种类型的预设，建立属于自己的 Lightroom 预设库，通过一次鼠标单击就可以将自己喜欢的效果轻松赋予任何照片。

1.2.4 步骤的可逆性

Lightroom 的所有操作都是无损并且完全可逆的，这是它与其他许多图像处理软件的不同之处。Lightroom 将所有修改保存在一个独立的地方，而不会对原始照片进行操作。这些设置 Lightroom 都会自动安排好。单击"复位"按钮，就可以看到完全未经修饰的原始照片。使用 Lightroom 的历史面板，还可以轻松地回到过去任意时刻的图像状态重做你的任何决定。更重要的是，由于 Lightroom 不对照片本身进行读写，因此在 Lightroom 中所有操作都不会损害照片的画质，即使对 JPEG 也是如此。

Lightroom 会将所有的历史操作都记录在历史记录面板中。如果想回到过去的某个特定状态，单击面板中对应的命令即可。

1.2.5 质量的优越性

Lightroom 为什么出色

Lightroom 是一款出色的软件，这一点毫无疑问。

Lightroom 可以做很多事情，它可以管理照片、修饰照片。

但最重要的是，Lightroom 可以将每一件事情都做得很好。

Lightroom 5 经过改进的图像处理引擎甚至让这一切变得比之前更好。可以毫不夸张地说，Lightroom 所能实现的图像修饰效果，是绝大多数图像处理软件望尘莫及的。

尽管 Lightroom 非常简单、易用，但是这绝不意味着图片的处理质量会有一丝一毫的降低。Lightroom 可以轻松且高质量地完成一切处理过程。

CHAPTER 2
Lightroom 的功能简介

目　　的：从 Lightroom 的功能出发进行讲解，使读者初步了解功能区各个命令的区别与特点。
功　　能：在使用 Lightroom 软件之前，可以更好地了解软件的相关知识。
讲解思路：功能 - 在哪 - 能干吗 - 怎么干
主要内容：Lightroom 功能区分布图解、显示或隐藏功能面板、副窗口与双显示器显示、按需设置和调整工作区、个性化设计 Lightroom 标识、导入并管理照片、照片显影处理、拍摄地图定位、制作画册、幻灯片展示、打印照片、创建网页画廊

　　本章内容主要针对的是 Lightroom 的初级入门者。它可以让你快速了解 Lightroom 5 软件的整体构架，包括软件工作区的介绍和后期工作流程中的主要的七个方面。这些提纲挈领的知识点能够使你在后面的学习中保持思路清晰，学习效率更高。假如你对 Lightroom 软件已经有所了解，就可以跳过本章直接学习后面的内容。

2.1 了解操作界面

任何一款新软件的学习，最初要了解的就是它的工作区（即操作界面）。这一节将用图解的方式向读者介绍 Lightroom 5（以下简称 LR5）工作区的功能分布，以及用一些常见的修改方式修饰工作区。

2.1.1 知识点：LR5 功能区展示

①菜单栏：包括八种程序菜单，在每种菜单下都可以选择下拉列表中的任何命令来调控照片（与 Photoshop 中的菜单栏相似）。

②工作区：LR5 的工作区共包括七个模块，每个模块针对的都是摄影后期工作流程中的某个特定环节。

③左侧面板：对应的是所使用的程序模块，主要作用是管理文件目录、照片文件夹、显示历史记录和一些模板的预设等。

④主窗口：在此区域显示的是照片，显示的方式可以是缩览图的方式多幅显示，也可以单张显示。在不同的模块中，还可以编辑操作在此区域的照片。

⑤右侧面板：在七个不同的模块中，此面板显示的控制选项各不相同，主要用于处理元数据、关键字以及调整图像。

⑥显示胶片窗口：也称为"浏览器窗口"，可以像传统胶片一样排列照片。

⑦LR 标识（也称为"身份标识"）：用来表示所使用的软件名称和版本。

2.1.2 知识点：功能面板的显示和隐藏

在菜单栏中执行"窗口>面板"命令，横向打开的次级菜单中有很多不同的面板，可以选择显示或隐藏工作区中的一个或多个不同面板。

CHAPTER 2　Lightroom 的功能简介

在工作区的上、下、左、右侧的中央各有一个小三角形，单击它们可隐藏或展开（上、下、左、右）面板。要想隐藏左右两侧的面板，也可以按下 Tab 键；按下 Shift+Tab 组合键可隐藏全部（上、下、左、右）面板。

2.1.3　知识点：显示副窗口

单击胶片显示窗口左上方的"显示/隐藏副窗口"按钮。

打开一个独立的照片显示窗口，此窗口即为副窗口。副窗口是相对主窗口而言的，对图像的选择、放大、切换视图模式等操作都可以在副窗口中进行。

如果在两台连接在一起的计算机上运行 LR5，副窗口会独立显示在其中一台显示器上。这样做的好处是，可以在一个显示器上处理照片，在另一个显示器上全屏观察该照片的最终效果，双显示器显示功能扩展了软件的操作界面，对于专业人士而言，这项功能大大提升了工作效率。

2.1.4 知识点：工作界面的设置方法

不同屏幕模式下的工作区展示

在菜单栏中执行"窗口>屏幕模式"命令，横向打开的次级菜单中有很多不同的面板，可以在其中选择不同的模式，来展现不同的工作区。

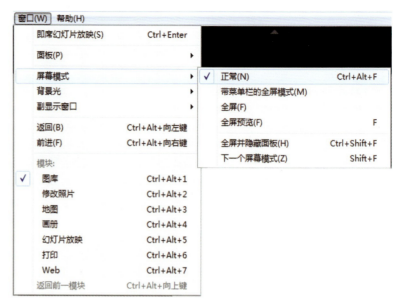

Tips
如果输入法的状态是英文，则按下 F 键也可以在不同屏幕模式之间进行转换。

改变功能面板的大小

当鼠标置于"照片显示及工作区域"与"左面板"（或"右面板"）的临界线上时，光标会变成左右箭头的形状↔。如果想要改变"左面板"（或"右面板"）的大小，按住并左右移动鼠标即可改变面板大小。

当鼠标置于"照片显示及工作区域"与"胶片显示窗口"的临界线上时，光标会变成上下箭头的形状↕。如果要改变胶片显示窗口的大小，按住并上下移动鼠标即可。

设置"首选项"中的工作区

在菜单栏中执行"编辑>首选项"命令，在弹出的"首选项"对话框中单击"界面"选项，在显示的界面中,可以设置面板的结尾标记和字体大小、背景光的屏幕颜色和变暗级别、背景的填充颜色和纹理等与工作区相关的选项。需要强调的是,如果改变了其中的某些设置,需要重启软件后更改才会生效。

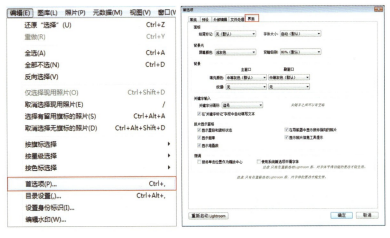

视图背景光的快速变换

执行"编辑>首选项"命令,在弹出的对话框中单击"界面"选项,在"背景光"选项组中设置背景光的"屏幕颜色"为"黑色(默认)","变暗级别"为"80%(默认)"。

如果按下 L 键一次,背景光的颜色就会变暗至"黑色(默认)"的 80%;按下 L 键两次后,背景光的颜色就会变暗至"黑色(默认)";按下 L 键三次后,背景光的颜色就会恢复初始状态。LR5 总共提供了 5 种"屏幕颜色"和 4 种"变暗级别"供读者选择。

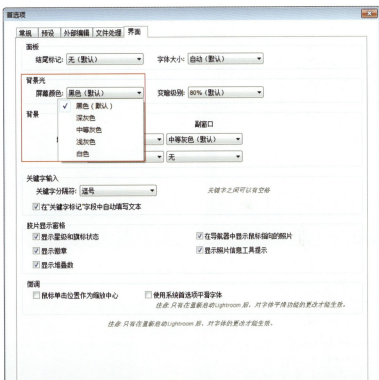

按一次 L 键后

按两次 L 键后

窗口背景填充颜色的更改

执行"编辑>首选项"命令,在弹出的对话框中单击"界面"选项,在"背景"选项组中可以设置"主窗口"(或副窗口)背景的"填充颜色",LR5 提供了 5 种背景颜色。白色和黑色背景会和画面形成强烈的反差,容易使人对调整效果产生视觉偏差,因此一般情况下不建议选择。

浅灰色背景　　　　　　　　　中等灰色背景　　　　　　　　　深灰色背景

窗口背景纹理的更改

执行"编辑>首选项"命令,在弹出的对话框中单击"界面"选项,可以在下面的"背景"选项组中设置"主窗口"(或副窗口)背景的"纹理"效果。

2.1.5 手动操练：LR5 身份标识的设计方法

在软件整个面板的顶部左侧区域有 LR5 的标识（Adobe 官方将其称为："身份标识"），它既可以由图片或图形组成，也可以设置成个性化的文字标识。

设置图片、图形标识

01 执行"编辑>设置身份标识"命令，打开"身份标识编辑器"对话框，选择"使用图形身份标识"。

02 图形标识文件制作完成后，将其拖入"身份标识编辑器"左侧的黑框区域，也可以按照软件提示单击此黑色区域，在弹出的"查找文件"窗口中，按照存放路径将图形标识置入文件。

03 勾选"启用身份标识"复选框后，可观察到 LR5 顶部面板中标识区域有了相应的变化。

04 最后单击"确定"按钮，设置完成。

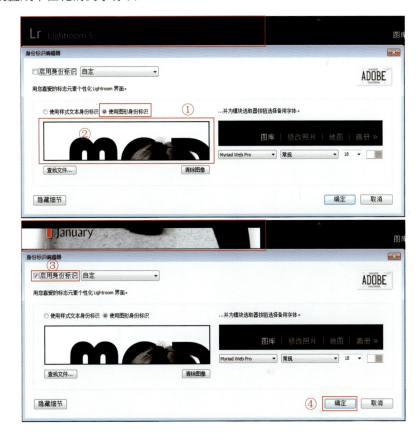

设置文字标识

01 执行"编辑>设置身份标识"命令。

02 打开"身份标识编辑器"面板，在面板中选择"使用样式文本身份标识"，设置字体、字号选项。

03 勾选"启用身份标识"复选框，可观察到 LR5 顶部面板中标识区域对应的文字变化。

04 最后单击"确定"按钮，完成设置。若想再次使用未改动前的默认效果，只需再次打开"身份标识编辑器"面板，取消勾选"启用身份标识"复选框即可。

2.2 LR5 的完整后期

LR5 是针对工作流程设计的一款特殊软件，其中包括"图库"、"修改照片"、"地图"、"画册"、"幻灯片放映"、"打印"、"Web"七个流程模块，这是一套从导入、输出到分享的完整的工作流程，每一个流程模块中都分别设置了相关功能。对应的快捷键也使得操作非常简便，只要按住 Ctrl ＋ Alt 组合键，并按下 1 至 7 中的任一数字键就可以在七个模块之间任意转换。

2.2.1 图库

"图库"模块的功能是导入并管理照片，而这一点是在 LR5 中对照片进行后期处理的第一步。将导入的照片按照各自的特征分类管理，方便浏览及查找，是"图库"模块的主要功能。

2.2.2 修改照片

用药水将影像显现在相纸上的过程属于最传统的显影处理。在数码暗房的处理流程中，这是非常重要的一环。"修改照片"模块中包含了照片显影处理的所有功能，因此在这一模块中可以完成对照片所有效果的修改。

2.2.3 地图

如果拍摄设备都带有 GPS 功能，那么将照片导入 LR5 后，拍摄图片的位置数据就会自动显示；若相关的拍摄设备没有 GPS 功能，仍想要显示位置数据，可以将照片手动拖曳到相应的 Google 地图位置上。在旅行摄影中，LR5 新增的这一功能，无疑将为摄影者带来更多的乐趣。

2.2.4 画册

在 LR5 的"画册"模块中，可以将图片制作成精美的电子画册。如果想打印画册，可以先将画册导出为 PDF 格式的电子画册，然后再动手打印。还有一种方法，只需支付一定的费用，单击几次鼠标即可上传到指定的在线服务商店并打印。

2.2.5 幻灯片放映

想要将修饰过的美图制作成幻灯片与大家一起分享吗？LR5 中的"幻灯片放映"模块就能帮你达成心愿。如果想为放映过程增添更多乐趣，还可以为幻灯片添加喜爱的音乐作为背景并自定切换效果。

2.2.6 打印

"打印"模块中涵盖了非常专业且实用的打印功能（例如，出血设置、打印小样），想要将得意之作制作成画册或展示在墙上吗？这个模块就能帮助你轻松地完成高质量的打印工作，完成这个心愿。

2.2.7 Web

在 LR5 的"Web"模板中，有一系列的预设网页画廊模板（也称为 Web 画廊模板）。利用这一模块，想要快速制作出个性独特的网页画廊只需片刻。

CHAPTER 3

Lightroom 中照片的导入

目　　的：讲解 Lightroom 5 导入窗口的基本设置,以及学会各种不同的导入照片的方法。
功　　能：通过学习,使读者能够对导入 LR5 的照片进行任何修改但不影响源文件。
讲解思路：提出问题→解决问题
主要内容：常见的导入照片的方法

　　本章讲解使用 Lightroom 5 导入照片,主要了解导入窗口的基本设置,并学会导入照片的不同方法。在 LR5 中导入的图像并非原照片,而是原照片的一个预览文件,所以在软件中所做的任何修改都不会影响源文件,这就是 Adobe 官方引以为豪的无损修饰。

3.1 导入照片时的相关设置

在 LR5 中可以管理和修饰照片，但是第一步要做的，就是将所有存储在外部设备上需要修饰的照片全部导入 LR5 中。

3.1.1 知识点：导入预设设置

在"首选项"的对话框中，有关于导入预设的一切设置。在导入照片之前，按照自己的需求预先设置好各项导入参数，这样无论什么时候导入照片，都可以做到准确、快速。

打开"首选项"对话框

在 LR5 中执行"编辑＞首选项"命令，即可打开"首选项"对话框。

"导入选项"的设置

在"首选项"对话框中选择"常规"选项，在"导入选项"下方的 4 个选项中可按需勾选。下面分别介绍 4 个选项的含义。

01 选择此项时，一旦计算机和照相机或相机存储卡连接，系统就会自动打开"导入窗口"，在打开的对话框中可以设置需导入的各项参数。

02 将照片导入计算机的过程中，如果需要选择"当前 / 上次导入"收藏夹，则需要勾选此项。

03 当相关设备向计算机传输照片时，相关设备就会自动创建一个文件夹名。勾选此项，则不会自动生成文件夹名。

04 为了便于快速预览，

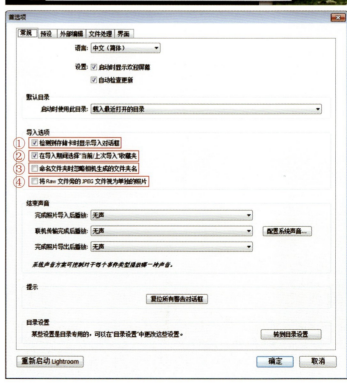

现在一些高端的单反相机在拍摄 RAW 格式照片时，会附带生成一张 JPEG 格式的照片，LR5 不会将 JPEG 格式的照片导入图库。勾选此项，则可以将 JPEG 格式的照片作为独立照片导入 LR5 中。完成相关参数的设置后，单击"确定"按钮，导入预设设置完成。

Tips

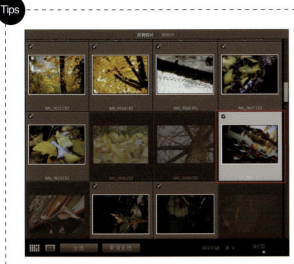
未勾选"将 Raw 文件旁的 JPEG 文件视为单独的照片"

勾选"将 Raw 文件旁的 JPEG 文件视为单独的照片"

3.1.2 知识点：选择导入源

导入对话框的界面虽然看起来有些复杂，其实这是一个组织合理的对话框。简单来说，我们将依照从左到右的顺序在导入对话框中逐步完成导入设置。将中间的预览区域视作一个整体，那么导入对话框从左至右可以被划分为三个不同的区域。左侧是导入对话框的源区域，在这里可以选择需要导入照片的来源。当存储卡插入计算机之后，LR5 通常会自动识别存储卡并将它作为默认的导入源。

LR5 会将插入的存储卡显示在设备一栏中并且将它作为默认的导入源，在左侧面板的最上方会显示选择的导入源。选中"导入后弹出"选项，存储卡将会在结束导入后自动弹出。

3.1.3 手动操练：选择导入方式

确定好导入源之后，就要开始选择导入照片的方式。在导入对话框中间的上方区域，有 4 种导入方式可供选择，分别是复制为 DNG、复制、移动和添加。如果插入存储卡，移动和添加两个选项是不能使用的。通常，我们会选择复制，复制的意思是将照片从存储卡复制到指定的地方，并且将它们导入 LR5 的数据库。

> **Tips**
>
> 如果菜单操作的导入方法让你感到烦琐，还可以尝试采用以下两种方法。
> 第一种：将要导入的照片或文件夹直接拖曳到桌面上的"LR5 软件图标"上。
> 第二种：将要导入的照片或文件夹拖放到 LR5 "图库"模块的图像显示区域中。

选择要导入的照片

01 执行"文件＞导入照片和视频"命令。

02 打开的"导入窗口"左上角"源"前面有一个小三角形图标，单击图标可展开"源"面板。按照存放路径查找，找到要导入的照片。若要导入某个文件夹中的所有照片，选择整个文件夹即可全部导入。

03 选择好要导入的照片后，在"导入窗口"的预览区域就会出现这些照片，选择"所有照片"，显示选定位置的所有照片。此时预览区域中的照片可能会呈现 3 种状态：a. 四角灰暗中间亮的预览图是没有被选中的照片；b. 左上角带小勾且最亮的预览图是被选中的将要导入的照片；c. 全灰色显示的预览图是已经导入 LR5 的照片（这类照片是不可选的）。如果选择"新照片"，已导入的照片就不再显示，只会显示从未导入过 LR5 的新照片。

用"添加"的方式导入照片

选择这种方式，只能导入照片而不能做其他任何操作。

01 勾选"包含子文件夹"选项，可以看见文件夹中的所有照片。

02 单击"导入"按钮即可导入选中的全部照片。

> **Tips**
> 如果觉得导入窗口中的预览图太小，可以拖曳视图区右下方"缩览图"的缩放条来调整预览图的大小。

用"复制"的方式导入照片

选择"复制"选项，可以将照片复制到一个新的位置再导入。这样可以备份移动设备中的重要图片，有很重要的作用。

01 在打开的导入窗口中选择"复制"的导入方式。

02 展开导入窗口右侧面板中的"文件处理"面板，勾选"在以下位置创建副本"复选框，单击下方的路径，即可为照片在指定位置创建副本。如果要备份重要图片，则需要勾选此项。不需要创建副本则取消勾选此项。

03 展开右侧面板中的"目标位置"面板，可以在其中选择一个存放导入照片副本的位置。

04 单击"导入"按钮确认。

用"复制为 DNG"的方式导入照片

DNG 是 Digital Negative（数字负片）的英文缩写，它是 Adobe 公司推出的一种开放的兼容格式，为了解决不同型号相机的原始数据之间相互通用的问题。因为 DNG 格式文件将照片拍摄的元数据等信息嵌入文件自身（RAW 格式文件的元数据等信息是采用外挂文件的方式保存的），所以尺寸比普通的 RAW 格式文件更小，这不但节省了存储空间，还加快了文件的读取速度。

01 执行"编辑>首选项"命令，在打开的"首选项"对话框中单击"文件处理"选项。

02 设置"文件扩展名"为"dng"、"兼容"为"Camera Raw 7.1 及以上"、"JPEG 预览"为"中等尺寸"后，单击"确定"按钮。

03 执行"文件＞导入照片和视频"命令，在打开的"导入窗口"中选择导入方式为"复制为DNG"，即可将导入的照片复制到新的位置，并转换为DNG格式导入。

04 在"目标位置"面板中为转换为DNG格式的照片选择一个存放位置。

05 单击"导入"按钮，完成操作。

将导入的照片转换为DNG格式

01 在"图库"模块中选择一张或多张照片。

02 执行"图库＞将照片转换为DNG格式"命令。

03 弹出"将照片转换为DNG格式"的对话框，勾选"源文件"选项组中的"只转换Raw文件"复选框。

04 在"DNG创建"选项组中设置"文件扩展名"为"dng"，"兼容"为"Camera Raw 7.1及以上"，"JPEG预览"为"中等尺寸"。如果勾选"嵌入原始Raw文件"复选框，照片数据文件比不勾选时要大，为了节省存储空间，一般不勾选此复选框。

05 单击"确定"按钮，完成操作。

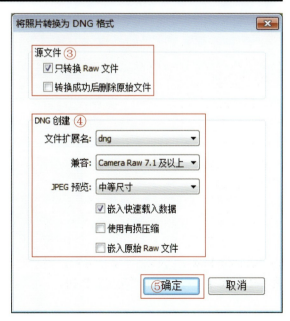

3.1.4 知识点：存储照片的位置

选择存储照片的磁盘位置时，这个设置在导入对话框的右侧面板中。右侧面板包含了很多不同的子面板，如果这些面板都打开，看起来就会有些混乱。很容易让人眼花缭乱。单击每个子面板右侧的小三角可以关闭所有面板，整个右侧面板看起来也会井井有条，找什么文件都可以一目了然。

单击面板右侧的小三角可以打开或者关闭面板。当区域中有多个面板的时候，关闭所有未使用的面板，这样可以更快捷方便地了解活动面板的动态信息。

打开最下方的目标位置面板，可以在这里选择需要存储照片的位置，就好像把照片复制到资源管理器中一样。但是，在目标位置面板中确定文件的存储位置时，有时候也需要一些技巧，因为 LR5 提供了几种不同的文件组织方式，尽管它们能够满足各种不同的需求，但是如果对这些方式不够熟悉，反而会觉得非常凌乱没有头绪。

如果你想把照片直接放进某个指定的文件夹里，那么在"组织"的下拉菜单中选择"到一个文件夹中"。如果不选择此项而选择"按日期"，LR5 会自动在你选择的文件夹下建立日期文件夹，依照拍摄日期将照片自动组织到对应的文件夹内。

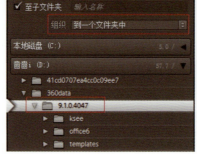 

3.1.5 知识点：文件处理选项的设置

在导入对话框右侧面板的最上方有一个"文件处理"面板。在这个面板中有一个非常重要的设置——渲染预览。打开"渲染预览"下拉菜单可以看到四个选项，分别是最小、嵌入与附属文件、标准和1:1。选择"标准"即可。

文件处理面板中还有三个选项。

勾选"构建智能预览"选项，可以编辑未实际连接到计算机的图像。智能预览文件是基于 Lightroom 4 中引入的有损 DNG 文件格式，是一种新的轻量小型文件格式。

勾选"不导入可能重复的照片"复选框，如果 LR5 发现当前导入队列中的照片与目录中已有的照片重复，则会取消该照片的导入。

如果你希望在导入的同时另外制作一份备份，那么勾选"在以下位置创建副本"复选框则非常有用。选中该选项，LR5 在将照片导入目标位置指定的文件夹的同时将向另一个位置再复制一次照片，这样就有了一份完全相同的复制。

3.1.6 手动操练：导入时给照片命名并添加信息

向 LR5 中导入照片时，不但可以修改照片的名称，还可以为照片添加云数据、关键字等信息，这些修改对于以后排序、编辑和查找照片都非常有用。

添加信息数据

01 执行"文件＞导入照片和视频"命令，打开"导入窗口"。

02 在"导入窗口"展开"在导入时应用"面板，设置其中的"修改照片设置"为"无"（保持原照风格），"元数据"设置为"无"，可以为照片添加关键字如"2014.9.8"，以便于以后排序和查找照片。

03 设置"渲染预览"为"标准"。

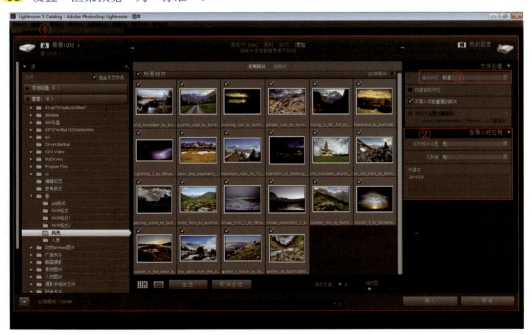

Tips

执行"编辑>目录设置"命令，打开"目录设置"对话框，单击"文件处理"选项，设置"预览缓存"下的"标准预览大小"、"预览品质"和"自动放弃1∶1预览"。

值得注意的是，1∶1预览基本上是图像的全分辨率版本，会占用大量内存，为了加快软件的运行速度，定期清除1∶1预览很有必要。

重命名文件

01 在打开的导入窗口中选择导入方式为"复制"。

02 展开"重命名文件"复选框，并在"模板"中选择一种命名方式。

Tips

如果选择以"序列编号"或"自定名称"方式命名，又不想让照片序号从"1"开始，可以在"起始编码"中自定起始序号。导入照片时还可以在"修改照片设置"的下拉菜单中选择LR5软件预置的各种创意风格影调，添加到导入的照片上。若导入照片时还未想好所需创意效果，等到照片导入后再添加也可以。

3.2 自动导入的设置

"自动导入"是 LR5 提供的一种极其聪明的导入方式。"监视的文件夹"就是设置它的关键点。LR5 会将"监视的文件夹"中的照片自动转移到"目标文件夹",并导入到 LR5 的图库中。设置监视的文件夹,指定目标文件夹和启用自动导入,这是实现"自动导入"必须完成的两个步骤。

3.2.1 手动操练:监视的文件夹设置方式

01 执行"文件>自动导入>自动导入设置"命令。

02 在"自动导入设置"对话框中,单击"监视的文件夹"右侧的"选择"按钮。在弹出的窗口中,选择一个文件夹(或者新建一个文件夹)作为"监视的文件夹",但不要选择已存放有照片的文件夹作为"监视的文件夹"。

3.2.2 手动操练：目标文件夹设置方式

如果给监视文件夹中添加了一些照片，那么 LR5 会将这些新添加的照片移动到"目标文件夹"中保存起来，所以下一步要做的就是，为新添加的照片指定一个"目标文件夹"。

01 在"自动导入设置"对话框的"目标位置"区域中，单击"移动到"右侧的"选择"按钮。

02 勾选对话框顶部的"启用自动导入"复选框。也可以通过执行"文件＞自动导入＞启用自动导入"命令来完成启用自动导入功能。

03 单击"自动导入设置"对话框中的"确定"按钮，可完成设置。之后可以将照片拖曳到已经设置好的"监视的文件夹"中，检查一下照片能否自动导入并显示在 LR5 中。

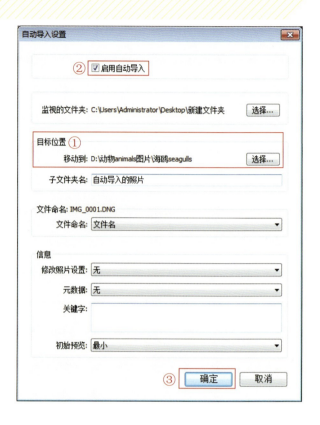

3.3 联机拍摄

联机拍摄是指通过 USB 数据线将数码相机和计算机连接后再拍摄，所拍摄的照片直接导入到 LR5 中，存储在计算机硬盘上，而不会存储在相机的 CF 或 SD 卡上。如果在摄影棚内拍摄，这种方法比较实用，因为这样可以在计算机上立即查看所拍照片，并可以更细致准确地观察照片效果，还可以现场修饰照片。

3.3.1 手动操练：用佳能相机联机拍摄

01 执行"文件＞联机拍摄＞开始联机拍摄"命令。

02 在打开的"联机拍摄设置"对话框中按需设置各项后(这里使用默认设置),单击"确定"按钮。

03 在打开的"初始拍摄名称"对话框中,为存放拍摄照片文件夹命名后,单击"确定"按钮。

04 完成上述操作步骤,系统将会打开联机拍摄窗口,在窗口中显示数码相机拍摄的相关数据,单击窗口右侧的圆形按钮,可以远程控制相机启动快门(拍摄),还可以立刻为所拍摄的照片添加创意影调。

> **Tips**
> 即使在这里为照片添加了创意风格影调,也影响不到原始的图像文件,如果对效果不满意,还可以在"修改照片"模块中修饰或者去除已经添加的效果。

3.3.2 手动操练:其他相机联机拍摄

01 首先,在计算机硬盘上创建一个空文件夹,将其命名为"Lightroom监视文件夹"。

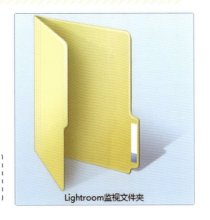

> **Tips**
> 关于创建"监视的文件夹"的详细讲解,可参见"3.2 自动导入的设置"中的内容。

02 安装厂商提供的相机控制软件（并非所有型号的数码相机都有控制软件）。并把控制软件中的目标文件夹指向刚创建的"Lightroom 监视文件夹"，这样在拍摄照片时，图像文件将自动发送到计算机上的 LR5 软件中。

03 在 LR5 菜单栏中，执行"文件＞自动导入＞自动导入设置"命令。

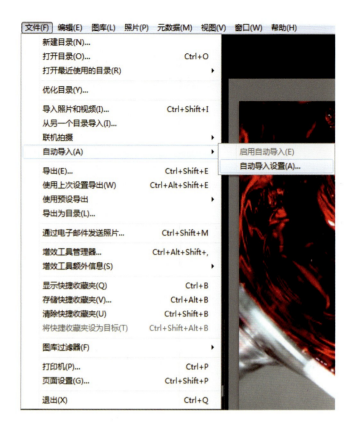

04 单击"自动导入设置"对话框中"监视的文件夹"右侧的"选择"按钮，找到前面创建的"Lightroom 监视文件夹"，并单击"确定"按钮。

05 在"目标位置"区域中单击"选择"按钮，为即将导入的照片确定一个存放文件夹（可以是已有的文件夹，也可以新建一个文件夹）。

06 勾选对话框顶部的"启用自动导入"复选框。

07 单击"确定"按钮，完成全部设置。

完成了上述操作，将数码相机通过 USB 线连接到计算机就可以开始拍照了。所拍摄的照片不在相机卡上存储，而是直接传送到 LR 中，并存储在刚才设定的目标文件夹里。

3.4 关于导入设置

除了导入源和复制磁盘位置的选择之外，导入过程中的所有设置其实都与 Lightroom 的目录有关，我们一起来熟悉一下这些设置。

3.4.1 知识点：LR5 的文件预览选项

位于导入窗格右侧面板最上方的是"文件处理"面板。在"文件处理"面板中，有一个"渲染预览"选项。在新建一个 Lightroom 目录之后，除了 .lrcat 目录文件，还会出现一个 .lrdata 文件夹，这个文件夹是 Lightroom 的预览文件夹，里面储存了 Lightroom 的所有预览信息。

什么是预览？Lightroom 记录了所有照片的位置信息并且为照片创建预览。这些预览被存储在预览文件夹中。也就是说，在 Lightroom 中看到的不是实际照片，而是它们的预览。只有当修改照片的时候，Lightroom 才会需要实际的照片。因此，如果你把照片存储在移动硬盘中，即使将移动硬盘拔出计算机，Lightroom 依然能工作，并且你依然可以在图库模块中看到你的所有照片。当你在 Lightroom 中浏览照片的时候，Lightroom 将从自己的预览文件夹内找到相应照片的预览并且为你呈现在屏幕上。

所以，在导入照片之后，Lightroom 需要渲染所有照片的预览，而在这里你要决定使用哪种方式来渲染你的预览。Lightroom 提供了四种不同的选项。"最小"、"嵌入与附属文件"这两种选项使用照片内嵌的预览文件加载预览，预览体积小、加载速度快，但是预览品质相对较低。这两个选项适合计算机配置较低或者同时需要处理大量照片的人使用。如果选择"标准"，Lightroom 将为照片创建预览。Lightroom 的预览使用 Adobe RGB 作为色彩空间，品质较高，但是渲染速度相对较慢。"标准"是在大多数情况下推荐的文件预览设置。"1∶1 选项"则能够让 Lightroom 为所有照片建立 1∶1 预览，这将大大延长渲染预览的时间，也使得预览文件夹变得非常庞大。

3.4.2 知识点：定义标准预览质量

在预览缓存区域中，可以设置标准预览的大小和品质。只有当你使用标准预览时，这些选项才有意义。

只有当你在导入选项卡的渲染预览选项中选择了标准之后，这里的选项才有意义。这两个选项是用来定义 Lightroom 标准预览质量的选项。标准预览大小是 Lightroom 渲染照片预览的大小。比如说，照片的长边是 4 000 像素，那么 Lightroom 将把它压缩到一个较小的尺寸，比如 1 440 像素。这样做的好处是能够减小预览文件尺寸并提高浏览速度。如果预览大小设置小于显示器，那么每次全屏显示照片的时候 Lightroom 都要重新渲染预览——因为已有的预览无法满足全屏显示的要求——这样浏览速度就会变得很慢。因此，建议你在这里设置一个略高于显示器尺寸的大小以获得较快的浏览速度。

预览品质能够决定 Lightroom 渲染预览的品质高低，非常类似于 JPEG 格式照片的压缩品质选项。预览品质的高低与预览文件大小成反比，如果计算机配置不错，浏览照片的速度也不慢，那么一般建议选择高。

在预览缓存区域中还有一个设置——自动放弃 1：1 预览。即使在渲染预览选项中没有选择 1：1，当你在 Lightroom 中使用 1：1 浏览照片的时候，Lightroom 也会建立 1：1 预览。1：1 预览会占用很大的磁盘空间，因此设定一个固定的周期清除 1：1 预览文件能够使预览文件夹的体积不致太大，保持软件的运行速度。如果磁盘空间足够，可以将它设定在默认值。

3.4.3 知识点：文件重命名

在文件处理面板下方是重命名文件面板。文件重命名是在导入过程中进行的操作。如果选中重命名文件，那么 Lightroom 将依照你设定的规则在导入文件的同时对照片进行重命名。在导入对话框中重命名文件的方式与在图库模块中重命名照片是相似的。

在导入对话框中，可以对导入照片进行重命名。如果不选中重命名文件，Lightroom 将保持照片的文件名不变。如果选中重命名文件，Lightroom 将依照设定的命名规则命名文件。

3.4.4 知识点：在导入时应用

文件重命名下方是"在导入时应用"面板。"在导入时应用"面板包含三个不同的区域。最上方是"修改照片设置"，通过这个下拉菜单，可以选择修改照片预设直接应用于导入照片。在修改照片设置下方是"元数据"下拉菜单和"关键字"输入框。

如果在该面板中不进行任何设置，将两个下拉菜单保持在无的状态并且不输入任何关键字，那么 Lightroom 在导入时将不会对照片进行任何元数据和修改照片操作。可以稍后在图库模块或者修改照片模块中应用相关设置。

在"元数据"下拉菜单中选择新建以打开"新建元数据预设"对话框。在"新建元数据预设"对话框中，可以在相应的区域内填写所需信息。填写完信息之后，打开预设菜单选择将当前设置存储为新预设，在弹出的对话框中输入预设名称，单击创建返回"新建元数据预设"对话框，单击右下方的创建按钮退出对话框。这时候，再打开"元数据"下拉菜单就能看到刚才建立的新预设。选择这个预设，就能把刚才填写的版权信息和联系信息在导入时应用到所有照片中。

　　在 Lightroom 中可以填写许多元数据，但是在导入照片时建议只使用最少的、最通用的以及最重要的项目。

CHAPTER 4

用图库管理照片

目　　的： 通过所学到的知识轻松管理图库，掌握图库分类管理的方法，从而更加快捷地处理图片。
功　　能： 将所学分类管理图库的方法进行综合运用，轻松管理图库。
讲解思路： 基础方法→实际效果→轻松管理
主要内容： 筛选、分类、排序以及编辑照片等

本章内容是使用Lightroom 5管理照片，主要对照片进行筛选、分类、排序以及编辑等操作。如果存有大量照片需要处理，这些功能都至关重要。掌握了这些分类管理方法，就可以轻松地从浩如烟海的图库里找到想要的图片了。赶快一起来学习如何更加智能地管理照片吧！

4.1 "图库"模块概述

对导入的照片进行分类管理,便于浏览和查找,这是"图库"模块的主要功能,要运用这一功能,就必须先了解"图库"模块,尤其是其中的功能面板、图库过滤器和工具栏。

4.1.1 知识点:"图库"界面

LR5 的"图库"界面展示。

①图库过滤器栏　　②照片显示区域　　③目录和文件夹管理面板
④图库工具栏　　　⑤用于处理元数据、关键字及调整图像的面板

4.1.2 知识点:功能面板的显示或隐藏

在"图库"模块工作界面的左右两侧有多个功能面板,根据不同的需求,我们可以选择显示、隐藏或展开这些面板。如果要展开某个面板,只要用鼠标右键单击面板名称,或名称旁边的空白区域,即可弹出快捷菜单,选择相关命令即可展开对应的面板。

Tips

"单独模式"是功能面板中一个比较特别的命令,如果选择了"单独模式",那么面板名称前的小三角就会变成虚点状,而且一次只能展开一个功能面板。

4.1.3 知识点：图库过滤器选项的显示或关闭

在"图库"模式下，可以看到"图库过滤器"栏位于照片显示区的顶部，包括"文本"、"属性"、"元数据"和"无"四个选项，选择其中任意一项，都会在下方针对不同的筛选条件而显示不同的过滤器。

文本　　　　　　　　　　　　属性

> **Tips**
>
> 在"图库过滤器"栏右侧，单击如右图所示位置，弹出一个菜单，在其中选择"关闭过滤器"命令也可以关闭"图库过滤器"，如果需要选择其他命令，可以在菜单中选择相应选项。

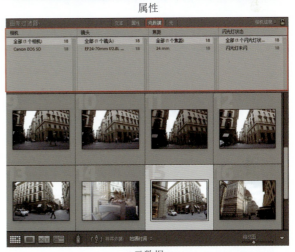

元数据

如果要关闭"图库过滤器"，在顶部的四个选项中选择"无"即可。

无

4.1.4 知识点：图库工具栏中选项的显示或隐藏

图库的工具栏中包括很多选项，一般情况下它们不会全部显示出来。

如果要使用哪个工具，我们可以根据需要，单击某个工具栏右侧的倒三角形图标，会弹出一个菜单，在其中选择需要显示在工具栏中的选项（被选中显示选项的前面会有一个√标识）即可。

4.2 在不同的视图模式下查看图片

在 LR5 中，一共有四种查看和挑选照片的方式，可以根据具体的需求，在这个模块中利用不同的视图模式查看、比较和筛选照片。

4.2.1 知识点：四种不同的视图模式

如果要查看照片的缩览图，可以选择在"网格视图"中查看。
如果要查看单张照片，可以选择在"放大视图"中查看。
如果要查看两张照片的对比效果，可以选择在"比较视图"中查看。
如果要查看多张照片，可以选择在"筛选视图"中查看。

网格视图

如果要查看已经导入 LR5 的所有照片的缩览图，可以选择在"图库"模块中单击"网格视图"图标按钮。

CHAPTER 4　用图库管理照片

放大视图

在"图库"模块中，如果想在视图窗口中查看单张照片的放大效果，可以选择单击"放大视图"图标按钮，还可以在"网格视图"中双击照片缩览图。

比较视图

如果要比较两张照片,按住 Ctrl 键,在"网格式图"中单击要比较的照片即可将其选中。

单击"比较视图"的图标按钮,照片的对比效果就会在视图窗口中显示,但一次只显示两张。

如果选择了多张照片,单击右边的"选择下一张"按钮,对比照片就可以被替换。

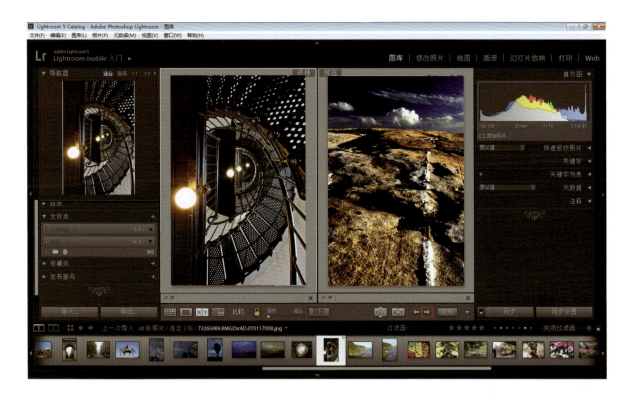

筛选视图

如果想同时并列比较多张照片,"比较视图"是做不到这一点的,这时就可以在"筛选视图"中进行相关操作。

首先按住 Ctrl 键,在"网格视图"中单击选择要比较的多张照片。

单击"筛选视图"的图标按钮，刚刚选中的多张照片就会并列显示在视图窗口中。

如果想删除其中的某张照片，只需将光标移至照片上，照片的右下角就会出现一个 × 形符号，单击 × 形符号即可在筛选视图中删除选中的照片。

4.2.2 知识点：转换不同的视图模式

LR5 最常用的操作之一就是根据需要在不同的视图模式之间切换，下面介绍两种切换方法。

①工具栏中分别有"网格视图"图标、"放大视图"图标、"比较视图"图标和"筛选视图"图标，可以通过单击某个图标实现视图模式的转换。

②在菜单中单击"视图"命令，在展开的面板中选择"网格"、"放大"、"比较"或"筛选"命令也可以在视图模式之间来回转换。

> **Tips**
> 通过快捷键的方式也可以切换不同的视图模式：按下 G 键可以切换至图库——网格视图模式；按下 E 键可以切换至图库——放大视图模式；按下 C 键可以切换至图库——比较视图模式；按下 N 键可以切转至图库——筛选视图模式。

4.3 标记你的照片

为了给你的照片一个唯一的身份标记，LR5 提供了多种不同的办法，重命名照片是管理照片的基本步骤之一，除此之外，LR5 还提供了其他许多方法可以给照片添加身份标记。之所以标记照片，是为了给 LR5 提供分类和查找的依据。尽管有时候你会觉得这样做是多此一举，甚至会觉得有些麻烦，但是一旦建立起属于自己的标记照片体系，你就会发现，这些操作给你的工作带来的好处远远超过你的想象。这一节，我们就来学习在 LR5 中如何使用不同的标记系统给照片合理地添加标记。

4.3.1 知识点：胶片窗格的基本操作

在学习怎样给照片添加标记之前，我们先来了解一下 LR5 底部的胶片窗格，这是 LR5 的一个重要的界面组成部分。

一般情况下，我们会选择在放大视图模式下给照片添加各种标记，此时就需要使用胶片窗格来选择不同的照片。虽然选择照片最简单的视图模式是网格视图，但是，在所有的模块中都会出现胶片窗格，因此最常用的选择照片的方式还是使用胶片窗格。

胶片窗格上的信息叠加方式与网格视图一样。在胶片窗格上单击鼠标右键，会弹出一个菜单，在菜单中选择视图选项，可以自定义需要在胶片窗格中叠加的信息。

当鼠标指针划过照片时，无论你有没有选择照片，左侧面板上方的导航器中都会显示当前指向的照片，这个特殊的功能也使得胶片窗格多了一个作用——快速查看照片。

上图中胶片窗格的高度拉长了，某些照片叠加了星标信息，照片右上角的徽章表示照片在快捷收藏夹中。主窗口显示已经选择的照片，而导航器中显示的是鼠标所指向的照片。

4.3.2 知识点：旗标、星标与色标的标注方式

数码时代的到来不仅让我们可以更加快捷方便地拍摄照片，还可以为我们节约额外的拍摄成本。但是，也正因为这个特点，我们的相机存储卡里会有数以千计的照片，甚至更多，如果要对这些照片一一进行处理，你能想象到所要面临的境况吗？这简直是一件让人想想就会抓狂的事吧？毫无疑问，我们都会在其中筛选出一些自认为比较好的照片来进行调整。在 LR5 中，有三套不同的标记系统可以帮助你划分这数以千计的照片。

在"图库"模式下，主窗口的下方工具栏中有三种不同的标记体系，分别是旗标、星标和色标。单击对应的体系按钮可以给照片添加相应的标记，若要除去照片的标记，只需再次单击对应的按钮即可。可以同时使用旗标、星标和色标去标记你的照片，因为这三种体系是各自独立，互不相干的。多数情况下，我们会选择放大视图模式为照片添加相应的标记，再用胶片窗格选择下一张照片来添加对应的标记。

一般情况下，图库模块下的工具栏中，旗标、星标和色标会依次排列。如果没有某种标记的图标，只需单击右侧的倒三角形按钮，再选择显示对应的标记图标即可。

如果已经给照片添加好了标记，在不同的视图模式中，LR5 会通过不同的方式告诉你这张照片被添加过哪些标记。在"放大视图"中，可以通过工具栏上的按钮看到当前照片所添加的标记。在胶片窗格中，标记会叠加在相应的照片窗格上面。而在网格视图中，你也可以直接在窗格上看到标记的叠加状态。简单来说，在各种主要的视图模式中，都可以直观地看到这些不同的标记。

照片窗格的左上角显示的标识是旗标，左下角显示的是星标，而色标则以背景的形式铺满整个窗格。如果为照片添加了留用旗标，照片周围就会出现一个小白框；反之如果为照片添加了排除旗标，窗格会变暗。在胶片窗格的视图选项中，如果没有选择显示旗标与星标等内容，在胶片窗格中就看不到这些。

网格视图的标记叠加位置与胶片窗格类似，但是叠加在窗格上的标记看起来会更清楚一点，所以你可以根据具体需求选择不同的显示方式。

4.3.3　知识点：旗标的作用

在 LR5 中，除了比较常用的星标和色标之外，还有一种特殊的标记方式——旗标。

旗标包括三种形态：留用、排除和无旗标。

标记为留用的照片，左上角会出现一个白色的小旗标；设置为排除的照片，左上角会出现一个黑色的小旗标。

面对一张照片时，可能你常常不能决定到底是给 3 颗星还是 4 颗星，这的确没有很明显的界线区分。这时候可以考虑换一种方式，选择"留用"或者"排除"的旗标来做评判，这样也许会让复杂的事情变得简单一些。

数以千计的数码照片里，一定有很多看一眼就不想保留的照片，这时候可以选择旗标来快速删除那些照片。给所有这些糟糕的照片（构图错误、曝光错误或者误操作拍下的照片）标上一个排除的旗标，这些照片就会在网络视图和胶片窗格中通通变暗。然后，使用 Ctrl+Backspace 组合键就可以快速删除所有标记为排除的照片。还可以在选定的照片上单击鼠标右键，在弹出的菜单中选择"移去照片"，并在"确认"窗口中选择相应选项即可。这是旗标所享有的一种特殊权利。

使用 Ctrl+Backspace 组合键，LR5 会自动选择所有标记为排除的照片，并且弹出确认删除对话框。

由于旗标是一种 LR5 特有的标记形式，因此无法被写入 XMP 文件，无法被其他软件读取。但是，在 LR5 中设置的星标和色标则能够通过 XMP 文件，并被其他支持 XMP 文件的软件所读取。

4.3.4 知识点：添加标记的快速方法

为了帮助大家更快捷方便地使用旗标、星标和色标来标记照片，LR5 提供了一些与这些标记相关的快捷键。

设置旗标的快捷键包括 U、P、X。

使用 0～5 数字键可以设置星标。

使用 6～9 数字键可以设置色标。

使用方向键可以移动照片，使用这些快捷键标记照片非常便捷。如果你还想更简单一点，那么你甚至可以不需要使用方向键。按下 CapsLock 键，在大写锁定的情况下，当你做完标记以后，LR5 会自动移动到下一张照片。因此，你只需要使用键盘做好标记就可以大功告成啦。

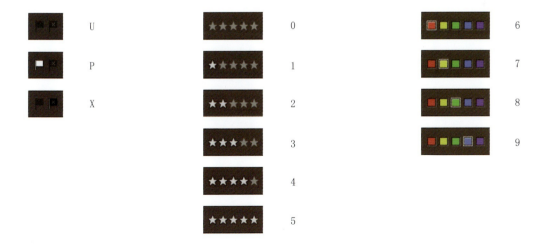

旗标：U 代表不使用标记、P 代表标记为留用、X 代表设置为排除；
星标：0 代表不使用星标，1～5 分别代表 1～5 星级；
色标：紫色色标没有快捷键，6～9 分别代表红、黄、绿、蓝色标。

4.3.5 知识点：添加关键字

如果你使用非常具体的地名作为照片的重命名，这样做只是为了增强记忆，那么我建议你不用给文件重命名，而是在照片的关键字中使用这些字作为标记。

用来总结照片的一些重要词语被称为关键字。关键字的概念也是伴随着网络的飞速发展而活跃起来的。比如我们在使用网络搜索时，在搜索框中输入的就是一些关键字。因此，搜索就是添加关键字的主要目的。想要在LR5中更加方便快捷地找到所需要的照片，使用具有针对性意义的关键字非常重要。

打开关键字面板直接输入关键字，这是添加关键字最简单的方法。使用快捷键 **Ctrl+K** 可以快速激活关键字输入框。在输入框中可以输入你想要使用的关键字，按下回车键，即可为照片添加相应的关键字。你可以输入多个关键字，每输入一个按一次回车键，当所有的关键字都输入后按两次回车键，即可退出关键字输入框。关键字中不能包含逗号，因为每两个关键字之间的分隔符通常用逗号表示。

关键字面板一共有三个子区域。在最上方的关键字标记区域中可以输入关键字并且查看照片已有的关键字。关键字之间使用逗号分隔。在输入框中输入关键字，按回车键后LR5会自动将该关键字加入到上方的关键字栏中，并且使用逗号与之前的关键字分隔。

可以同时给多张照片添加关键字。在网格视图中选择需要添加关键字的所有照片，在关键字输入框中输入关键字即可给所有照片添加关键字。如果在胶片窗格中选择多张照片，保证设置了自动同步，同样可以通过输入关键字的方法给所有选择的照片添加相同的关键字。

如果在胶片窗格中选择多张照片，必须将右侧面板左下方按钮左侧的开关推到上方，使得这个按钮显示自动同步，这样才能够将输入的关键字应用于所有选择的照片。不然，关键字将只能应用于当前窗口中显示的照片。

4.4　用堆叠方式整理照片

堆叠即是将图片重叠堆放到一起，学会这种方式可以灵活地对图片进行分组管理和展示，它是一种有效的图片管理方式。

4.4.1　手动操练：照片堆叠的创建

01 在图库模块的网格视图或者胶片显示窗格中选择一组需要堆叠在一起的照片。

02 用鼠标右键单击一个缩略图,在弹出的快捷菜单中执行"堆叠>组成堆叠"命令。

03 选中的所有照片将会堆叠到一起,并且只显示照片组内处于最上方的那张照片。已建立堆叠的照片在其左上角会显示一个堆叠图标,图标上的数字表示堆叠照片的数量。

4.4.2 手动操练:照片堆叠的使用

01 执行"照片>堆叠>展开堆叠"命令,可以展开堆叠在一起的照片。

还有一种更简便的方式,只需要单击堆叠左上角的图标即可展开堆叠。

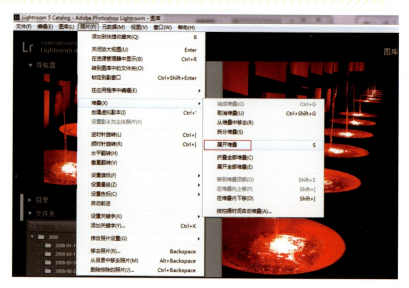

02 要想查看某张照片在堆叠中的顺序，将鼠标放在该照片上的任意位置，在其缩略图的左上角即可显示当前照片在堆叠中的顺序。

03 用右键单击缩略图，在弹出的快捷菜单中执行"堆叠＞移到堆叠顶部／在堆叠内上移／在堆叠内下移"命令，可以调整照片在堆叠中的顺序。

还可以直接用鼠标拖曳"网格视图"或"胶片显示窗口"中的照片缩略图，快速改变照片在堆叠中的顺序。

04 在"筛选视图"中展开并选择堆叠中所有的照片,就可以并列展开堆叠中所有的照片,并进行筛选。堆叠中照片的数量和主窗口的大小决定着显示图片的大小。

05 展开堆叠,然后用鼠标右键单击任意一个缩略图,在弹出的快捷菜单中执行"堆叠>拆分堆叠"命令,可以将一个堆叠拆分成多个堆叠。

06 在堆叠中的任意照片上单击鼠标右键,然后在弹出的快捷菜单中执行"堆叠>取消堆叠"命令,即可取消照片堆叠。

4.5 照片元数据的查看和添加

拍摄照片时所用数码相机的品牌和型号，拍摄时的光圈、快门、拍摄时间以及照片的尺寸大小、色彩空间、文件格式等信息，在拍摄数码照片时都会自动嵌入照片，它们也被称为 EXIF 元数据。

在进行照片后期处理之前，了解一些照片的拍摄数据，会对后期处理有所帮助。

拍摄后期为照片手动添加的关键字、拍摄者联系信息等被称为 IPTC 元数据。添加以及更改元数据，不但可以为照片嵌入作者的版权信息，还能利用添加或更改的元数据搜索相关照片，比如搜索同一时间段拍摄的照片。

4.5.1 手动操练：查看元数据的方法

按照下面的步骤操作，可以在 LR5 中查看照片的相关拍摄信息。

01 在"图库"模块中，选择一张照片。
02 单击"元数据"右边的三角按钮，展开"元数据"面板。
03 在"元数据"左边选择需要显示的元数据信息，就可以看到面板中显示的元数据。

4.5.2 手动操练：照片拍摄日期的更改

在拍照之前，如果相机的日期和时间没有调准，可以在 LR5 中便捷地更改照片的拍摄时间。

01 在网格视图中选中一张或多张照片后，执行"元数据＞编辑拍摄时间"命令。

> **Tips** 执行"编辑拍摄时间"命令后,如果要返回上一步,只能通过"元数据"菜单中的"恢复为原始拍摄时间"命令还原。按下 Ctrl+Z 组合键不能返回。

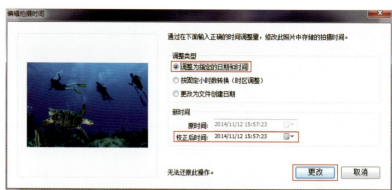

02 在打开的"编辑拍摄时间"对话框中,选择"调整为指定的日期和时间"选项。

03 在"新时间"选项组中的"校正后时间"文本框中输入新的日期和时间,也可以在打开的日历表中选择日期和时间值。

04 单击"更改"按钮,完成操作。

05 返回"元数据"面板,可以发现"EXIF"中的"元数据状态"显示为"已更改",下面的"拍摄日期"项有对应的变化。

4.5.3 知识点:添加照片的关键字

关键字标记是描述照片重要内容的文本元数据,可帮助用户标识、搜索和查找目录中的照片,关键字标记也可以随图像一起导出。在网格视图中,添加了关键字的照片右下角会显示一个缩略图徽章。

> **Tips** 在缩略图右下角显示的图标被称为缩略图徽章,三个图标从左到右分别表示"照片上有关键字"、"照片已被裁剪"、"照片已进行修改照片调整"。单击其中任一个图标,即可切换到对应的模块或面板。

三种方法可为照片添加关键字

第一种方法：在网格视图中选定了一张或多张照片后，在"关键字"面板中输入关键字后，按下 Enter 键，添加的关键字即可被添加到选中的照片中。

第二种方法：在"关键字列表"中任选对应的一个或多个关键字，直接拖放到"网格视图"中的缩略图上，也可以为该图添加关键字。

第三种方法：在"网格视图"模式下，在图库模块下方的工具栏中单击"喷涂工具"按钮，在其"喷涂"选项中选择"关键字"，这时在其右侧将会出现一个输入字段框，在其中输入关键字或词组，然后将鼠标（已变成喷涂工具形状）移到"网格视图"中的缩略图上单击，即可为该图添加关键字。

为关键字重命名

在"图库"模式下，用鼠标右键单击"关键字列表"面板中的任一关键字，弹出一个快捷菜单，选择"编辑关键字标记"命令。在弹出的对话框的"关键字名称"文本框中输入新名称，单击"存储"按钮即可。

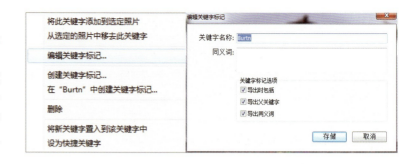

为多张照片添加相同关键字

01 将视图模式设置为"网格视图"，选择要设置关键字的所有照片。

02 "关键字"面板下有"建议关键字"和"关键字集"区域，可以选择其中任意关键字作为标记。

03 给所有选中的照片添加关键字标记之后，"关键字列表"面板中相关的关键字右侧将显示出使用此关键字的照片总数。

> **Tips**　"建议关键字"面板中显示的关键字只包括所选定的图片上尚未添加的关键字，而照片上已添加的关键字则不会在该面板中显示。

删除已添加的关键字

01 选择视图模式为"网格视图"，选择已经添加关键字标记的照片。

02 用鼠标右键单击"关键字列表"面板中的关键字标记，然后选择"删除"命令，即可删除列表中的关键字。此外，也可以选择关键字标记，然后单击"关键字列表"面板顶部的减号图标删除关键字。

4.5.4 手动操练：为多张照片添加相同的 IPTC 元数据

为不同照片重复输入相同的信息是一项非常烦琐的工作。LR5 提供了两种方法可以将人们从这个困境中解放出来，包括元数据预设和同步元数据，它们都可以将相同的 IPTC 元数据应用到多张照片中，从而使这项烦琐的工作简化，更方便完成。

为多张照片添加相同的 IPTC 元数据预设

01 "元数据"面板的第一个选项为"预设"，在其下拉列表中选择"编辑预设"选项。

02 弹出"编辑元数据预设"对话框，在其中填写想要加入的信息，然后单击"完成"按钮。

03 单击"完成"按钮后，弹出"确认"对话框，单击"存储为"按钮。

04 弹出"新建预设"对话框，在"预设名称"文本框中输入名称，单击"创建"按钮完成设置。

05 刚刚创建的预设会出现在"元数据"面板的"预设"下拉列表中，在网格视图中选择要应用预设的照片，可以将对应的预设应用于所选的照片。

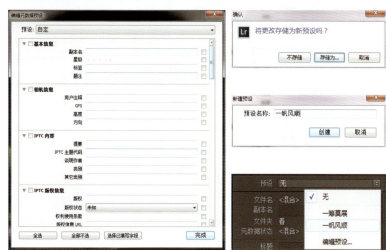

> **Tips**
> 第一次给多张照片添加元数据预设时,会弹出"应用元数据预设"对话框,如果选择其中的"现用"按钮,元数据预设将被添加到所选的第一张照片(在所有被选择的照片中,这一张会比别的亮一些)。如果选择"所有选定",将应用于所有选择的照片。勾选"不再显示"复选框,以后将不再显示这个对话框。

同步元数据

01 在"网格视图"模式下,选择一张要与其他照片同步元数据的照片。

02 按住 Ctrl 键单击可选择要与第一步选择的照片同步的照片;按住 Shift 键单击可选择多张相邻照片。

03 单击右侧面板下方的"同步元数据"按钮。

04 弹出"同步元数据"对话框,选择需要同步的元数据,然后单击"同步"按钮。

> **Tips**
> 如果想删除某个元数据预设,可以在 Windows 的资源管理器中找到它,然后将其删除。元数据预设一般存储在以下文件夹中:Win 7 系统将存储在 C:\Documents and Settings\Administrator\Application Dota\Adobe\Lightroom\Metadata Presets(如果使用其他系统,可用搜索的方法找到"Metadata Presets"文件夹)。

4.5.5 手动操练：查找照片

用"图库过滤器"查找照片

下面讲解如何依据元数据查找照片，以查找 2014 年 11 月 12 日拍摄的照片为例。

01 在菜单栏中执行"视图>显示过滤器栏"命令，打开"图库过滤器"。

02 在"图库"模块左侧面板"文件夹"中选择一个存放所要查找照片的文件夹。

03 在"图库过滤器"栏中选择"元数据"选项。

04 在"元数据"选项的"日期"列表中选择"2014 年 11 月 12 日"，系统会在"12 日"旁边显示该日期当天所拍摄的照片总数，所选文件夹中该日期拍摄的所有照片将显示在网格视图中。

除了这种方法外，大家还可以在"元数据"选项中按拍摄相机的品牌、镜头类型、元数据标签进行过滤查找。

> **Tips** 若想在某个列中同时选择这些项，按住 Ctrl 键单击多个项即可。单击"日期"、"相机"、"镜头"、"标签"旁边的按钮，可以在其下拉菜单中选择添加或移去该列、更改排序顺序等。

用"关键字列表"查找照片

01 在"图库"模块左侧面板的"目录"中选择"所有照片"选项。

02 在右侧面板的"关键字列表"中,将鼠标移到一组关键字上,并单击右侧的小箭头(小箭头只有在鼠标移到关键字上时才出现),就会在网格视图中显示出所有包含"canoe"关键字的照片。

4.6 多个目录的创建和使用

目录是什么？它是一份存储照片的修改、编辑和关键字，以及预览信息等内容的重要数据文件，LR5 的独特之处是完全依靠目录来保存修改数据（也就是我们常说的无损修饰，原始图片上不会有任何的改变）。

4.6.1 知识点：创建多目录的好处

首次启动 LR5 并导入照片后，系统会自动创建一个目录文件（Lightroom 5 Catalog.lrcat），然而在实际的工作中常常需要我们去创建多个目录，这样做有两点好处：一是方便管理，我们可以为不同种类的照片创建不同的目录；二是缩小每个目录载入数据库的量，从而加快了软件运行速度。道理很简单，想想在生活中，是将所有的东西都放在一个大箱子里好找呢？还是将物品分类装在几个小箱子里好找呢？另外，一个大箱子和一个小箱子，哪个更好搬运呢？

4.6.2 手动操练：多个目录的创建

01 在菜单栏中执行"文件>新建目录"命令。

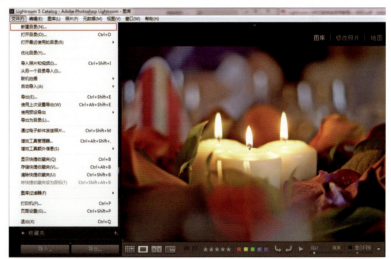

02 打开"创建包含新目录的文件夹"对话框，选择新建目录的存放位置后，为新目录输入文件名"201411"。

03 单击"保存"按钮。

04 单击"保存"按钮后，软件会关闭并重新启动，并且已经加载了这个新建的目录，这是一个全新的目录，目录中没有任何照片，在软件界面的左上角可以看到目录的名称，现在可以将照片导入到这个新建的目录中了。

4.6.3 手动操练：多个目录的使用

在 LR5 运行时切换目录

01 在菜单栏中执行"文件>打开最近使用的目录"命令，选择想要返回的目录，即可从已经打开的新建目录返回原来的主目录或其他目录。

02 系统会弹出"打开目录"对话框，如果需要重新启动软件并载入刚才选择的目录，单击"重新启动"按钮即可。

启动 LR5 时切换目录

还可以在启动 LR5 时选择需要载入的目录，方法非常简单：在启动 LR5 时按住 Alt 键不放，就会弹出"选择目录"对话框，在最近使用目录列表中选择相应目录打开。或者单击"选择其他目录"按钮，可以选择不在列表中的其他目录。

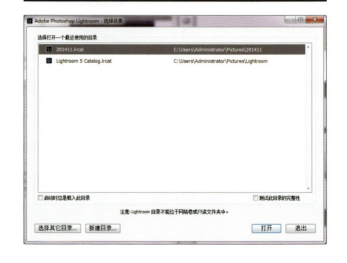

默认启动目录的设置

如果有一个常用的目录，可以将其设置为 LR5 默认的启动目录，这样每次启动 LR5 时，常用目录就会自动载入，省去了每次都要手动切换的麻烦。

CHAPTER 4 用图库管理照片

01 启动 LR5 时按住 Alt 键不放，在弹出的对话框中勾选"启动时总是载入此目录"复选框。

02 执行"编辑＞首选项＞常规"命令，在"默认目录"选项组的"启动时使用此目录"下拉列表中选择启动想要设置的默认目录。

03 每次启动 LR5 时，默认打开的就是常用的目录文件。

4.7 目录的备份

备份目录的目的是为了让与照片相关的数据（特别是修改数据）更安全。正如前面所讲：LR5 是完全依靠目录来保存修改数据的。如果目录文件损坏，就会丢掉在 LR 中对照片做的所有修改（照片将恢复到原始状态）信息，所以定期备份目录就显得尤为重要了。

4.7.1 手动操练：备份目录的基本做法

01 打开 LR5，在菜单栏中执行"编辑＞目录设置"命令。

02 弹出"目录设置"对话框，选择顶部的"常规"选项卡，然后在"备份目录"下拉列表中选择"每周第一次退出 Lightroom 时"备份。当然也可以根据自己的实际使用情况来选择建立备份的时间周期，单击"完成"按钮后设置完成。

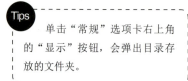

Tips　单击"常规"选项卡右上角的"显示"按钮，会弹出目录存放的文件夹。

03 每次退出 LR5 时，会弹出一个"备份目录"对话框，单击"备份目录"右边的"选择"按钮，为备份目录选择一个存放位置。最后单击"备份"按钮，软件会自动完成备份。

> **Tips** 备份目录一般都会自动存放在"我的文档"中,所以,最好将备份目录存放到系统C盘以外的其他磁盘中,这样更安全。

4.7.2 手动操练:损坏的目录怎么恢复

01 打开LR5后,在菜单栏中执行"文件>打开目录"命令。

02 弹出"打开目录"对话框,可以通过查看"修改日期"找到最近一次备份的目录。

选择"类型"为"lrcat"(此为备份目录文件),然后单击"打开"按钮,就可以恢复损坏的目录。

4.8 照片丢失后重新链接

LR5 的工作方式与 InDesign、Premiere 等软件类似，它们在软件中运行的都不是真正的原始图片，而是映射图片（这样可以加快软件的运行和刷新速度）。这种情况下，LR5 中运行的映射图片和原始图片之间就会自动建立一种链接，一旦原始图片移动位置或被删除，这种链接就会断开（丢失），失去链接的映射图片在 LR5 中不能进行任何修改和导出操作，而且会变得比较模糊。

4.8.1 知识点：照片链接丢失的判断方法

想要快速判断出照片是否丢失链接，在 LR5 中有两种方法。

观察缩览图上的标记

在"网格视图"模式下，如果某张照片已经丢失链接，在其缩览图的右上角会出现一个"感叹号"图标，表示此张照片的链接已经断开。

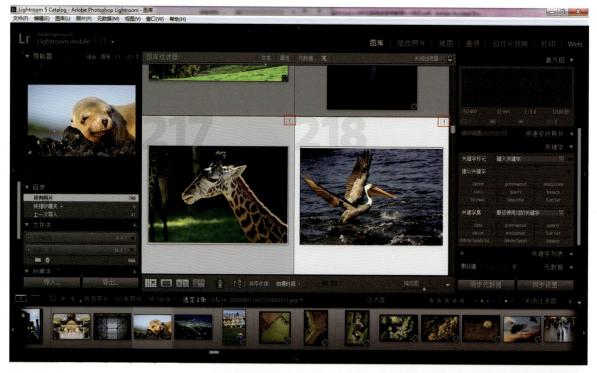

查看直方图

展开 LR5 界面右侧的面板，如果看到直方图下方带有"感叹号"图标，且标有"照片缺失"字样，那就证明这张照片已经丢失链接。

CHAPTER 4 用图库管理照片

> **Tips** 与文件夹面板相关的三个方面。
>
> ①在导入照片时，文件夹面板中的照片会按照磁盘分区自动生成不同的文件夹。用鼠标拖曳的方式可以移动文件夹的位置，也可以将照片移至其他文件夹中，这种做法会同时移动原文件夹或原照片在磁盘上的位置。
>
> 首次移动文件夹时，系统会弹出提示对话框。
>
> ②用鼠标右键单击面板上的磁盘名称，会弹出一个快捷菜单，在其中可以设置磁盘的相关信息。
>
> ③如果磁盘名称前出现绿色的 LED 图标，表示文件处于联机和可用状态，并且该磁盘有大于 10GB 的可用空间；如果出现灰色的 LED 图标，表示文件处于脱机状态，不能修改和导出图片；如果出现红色的 LED 图标，表示文件已被锁定（当从光盘导入文件时会这样）或存储空间不足 1GB；磁盘的存储空间不足 5GB 时，就会出现橘黄色的 LED 图标；如果该磁盘可用空间不足 10GB，就会出现黄色的 LED 图标。

4.8.2 手动操练：照片链接怎样重新建立

在发现有的照片缺失链接后，怎样才能重新建立起它们的链接呢？单张缺失链接的照片如何重建链接？链接一个文件夹中所有缺失照片的方法又是什么？我们一起来学习吧！

单张照片缺失链接的建立

01 单击缩览图右上角的"感叹号"图标。

02 弹出"确认"对话框，其中显示了缺失链接的原始照片名称、格式和未缺失链接前的位置（源文件的名称和格式一定要记住），单击"查找"按钮。

03 在弹出的"查找"对话框中，根据提供的文件名找到源文件，单击"选择"按钮即可完成操作。

04 最后再返回"网格视图"模式，可以看到刚才缩览图右上角的感叹号不见了，表示已经重新建立起了此照片的链接，可以继续下一步的工作了。

为文件夹中所有缺失的照片建立链接

判断文件夹是否缺失链接的方法我们已经学会了，现在来了解链接它的方式。只要重新找回缺失链接的文件夹，就会自动链接其中所有缺失链接的照片。

01 展开 LR5 界面左侧的文件夹面板（单击"文件夹"前的小三角图标即可），如果文件夹图标的旁边有小问号，直接单击鼠标右键，在弹出的快捷菜单中选择"查找丢失的文件夹"选项。

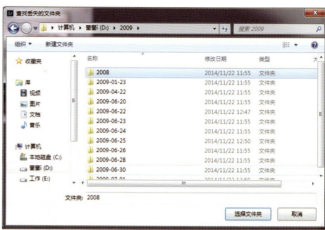

02 在打开的"查找丢失的文件夹"对话框中找到要链接的原始文件夹后，单击"选择文件夹"按钮。

03 最后再查看"文件夹"面板，刚才文件夹图标上的小问号已经不见了，表示已经找回该文件夹中所有照片的链接。

CHAPTER 5
照片的完美修饰

目　　的：通过 LR5 的相关技巧轻松修饰照片，掌握各种不同的修饰方法，从而更加快捷地处理图片。
功　　能：综合运用不同的修饰照片的方法，使照片更加完美。
讲解思路：基础方法→实际效果→处理照片
主要内容：校正、裁剪、调色、锐化等

本章使用 LR5 修饰照片，主要对照片进行裁剪、校正、调色及锐化等操作。现代的图像处理技术可以更加直观、简单和高效地完成这项工作。赶快一起来学习如何更加快速地修饰照片吧！

5.1 照片的快速调整法

学习完导入和管理照片的方法之后，我们开始进入 LR5 中最精彩的部分——数码暗房技术。首先从"快速修改照片"面板的使用中感受 LR5 的强大功能。其实它比我们想象的要简单得多。

5.1.1 手动操练：照片风格的转换

有时为了改变照片所传达的情绪，需要将照片处理成特殊的影调效果。Lightroom 中预设了一些流行的影调风格和调整命令，只需单击一下鼠标，就能得到艺术化的影调效果。

应用预设的创意风格影调和调整命令

01 按 G 键或者直接单击"图库"标签，进入"图库"模块。

02 单击"快速修改照片"右侧的小三角，展开选项栏。

03 单击"存储的预设"右侧的选项框。

04 在弹出的创意影调风格列表中，选中一种预设风格即可改变照片的影调。

应用自定义的创意风格影调和调整命令

在 LR5 中，除了可以选用软件预先设置好的创意风格影调和调整命令外，还可以选择自己创建的风格影调和调整命令。

5.1.2　手动操练：色调的快速调整法

通过对"白平衡"和"色调控制"中各项调整参数的讲解，让大家了解在"快速修改照片"面板中调整色调的方法。

白平衡的快速设置法

01 在"快速修改照片"面板中，单击"白平衡"右侧的黑色三角展开白平衡参数项，可以看到"色温"和"色调"两个调整选项（都是以按钮的方式来调整的）。

02 单击"色温"或"色调"的左向箭头，将画面调成冷调。如果单击相反的箭头，画面将会变成暖调。

03 如果对所做的调整不满意，还可以单击"白平衡"右边的选项框，在其下拉列表中选择"自动"或"原照设置"来定义白平衡。

简单实现色调控制

01 在"白平衡"命令的下方，排列着"色调控制"的 3 个主要选项：曝光度、清晰度和鲜艳度。

02 单击"色调控制"右侧的黑色三角，大家会发现"曝光度"下增加了 5 项实用的命令，它们都是用来辅助曝光度调整的。用法和白平衡相同。

5.1.3 手动操练：如何快速修改照片

掌握上述知识点之后，我们一起来试一试"快速修改照片"功能的魔力吧！

导入照片

在"图库"模块中，执行"文件＞导入照片和视频"命令，导入原始素材"5.1.3原"。

暗部补光

01 原片整体色调偏暗，天空部分细节太少。单击"曝光度"选项的左向箭头1次，将画面降低曝光1/3挡。

02 单击"色调控制"右侧的黑色三角，展开"色调控制"面板。

03 单击"阴影"选项的右向双箭头两次，这样做可以为暗部补光，使其显现出更多细节。

调整色调

01 现在的色温稍微偏暖,展开"白平衡"面板,单击"色温"选项的右向箭头一次,调整色温。

02 单击"鲜艳度"选项的右向双箭头一次,增加一点颜色鲜艳度,画面会更加鲜亮。

03 最后,单击"清晰度"选项的右向双箭头两次,提高图像清晰度。

调整后的效果比原图的影调层次更丰富,颜色更通透、更有生气!

5.2 裁剪照片

"快速修改照片"面板可以简便快速地修改我们的日常照片,并得到满意的效果。如果想要满足专业作品的需求,就需要更加精细地修饰照片,才能达到专业水平。"修改照片"模块就是为了满足这个需求应运而生的,裁剪工具就属于"修改照片"模块。

5.2.1 手动操练:裁剪方法

恰到好处的构图对于一个完美的画面来说尤为重要,可是,为了抓拍到某个精彩瞬间,在拍照的时候往往会有失偏颇,构图难免会差强人意。LR5 提供的裁剪工具可以在后期进行二次构图,使画面更完善。

裁剪叠加

01 按下 D 键,进入"修改照片"模块。

02 在工具条中选择"裁剪叠加"工具,画面上就能自动出现裁剪框。

03 与 Photoshop 的使用方法相同,将鼠标放到裁剪框的一角或一边上,拖动即可。

 Tips 将鼠标放到裁剪框的一角外,当出现双向(弯曲的)箭头时,便可以旋转裁剪框了。

裁剪框

使用 Photoshop 裁剪工具时,可以直接拖拉出裁剪框,如果习惯这样操作,可以尝试下面的操作。

01 选择"裁剪并修齐"选项栏中的"裁剪框"工具。

02 将其放到画面上沿对角线拖出裁剪框,非常方便。

03 裁剪完成后,还可以多次按下 L 键,突出显示剪裁区域(变暗的部分)。

Tips

在"裁剪框"工具最右侧有一个锁形的锁定按钮，呈锁定状态时，可以让画面在裁剪时保持原始的长宽比，按照原比例裁剪画面。当然，如果有预定的长宽比可以在锁定按钮左侧的"原始图像"下拉菜单中设定。

5.2.2 知识点：裁剪网格

轻轻移动鼠标就可以随意裁剪画面，难道裁剪工具就是这样子吗？当然没有这么简单了，裁剪有它自己所要遵循的法则，LR5 提供了 6 种不同形式的裁剪网格参考线，可以让大家看到更直观的画面结构，做到有目的地裁剪画面。

选择裁剪工具后，每按一次字母 O 键，裁剪框内就会显示不同的裁剪（构图）网格，这里只介绍常用的 3 种裁剪网格。

黄金分割法

黄金分割法是摄影构图中的经典法则，当我们使用"黄金分割法"对画面进行裁剪构图时，画面的兴趣中心（即表现主体）应该位于或靠近两条线的交点，这种方法多用于拍摄人物。

Tips

两千多年前，古希腊雅典学派的数学家欧道克萨斯首次提出"黄金分割法"，两条线的交点被视为"黄金"，是画面的兴趣中心，也是画面主体的理想构图位置。

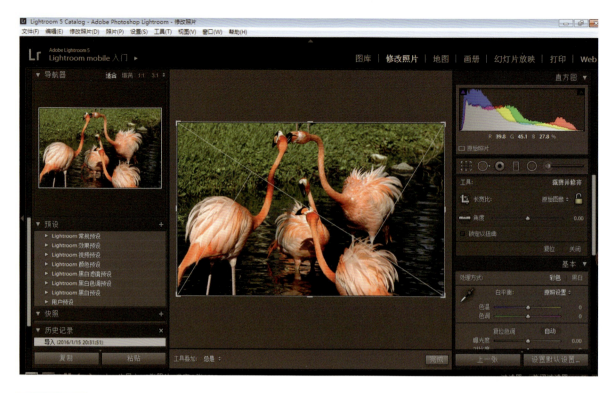

三分法构图

　　三分法构图是黄金分割法的简化,按下字母 O 键,可切换至三分法构图网格模式。这种构图方式在摄影构图中应用范围很广,画面中任意两条线的交点就是视觉的兴趣区域。放置主体的最佳位置就是这些交叉点。

视觉引导法

继续按下字母 O 键,可以切换至一种螺旋状的网格视图模式,称为"黄金螺旋线",它也是从黄金分割法衍生出来的一种构图形式。将对象安排在螺旋线的周围,引导观者的视线走向画面的兴趣中心。

5.2.3 手动操练:裁剪照片突出主体

学习了几种不同的裁剪方法,下面就试着裁剪一张照片,让画面主体更加突出。

导入照片

将需要裁剪的摄影作品"5.2.3 原"导入 LR5 中,选中之后按下 D 键,转到"修改照片"模块。

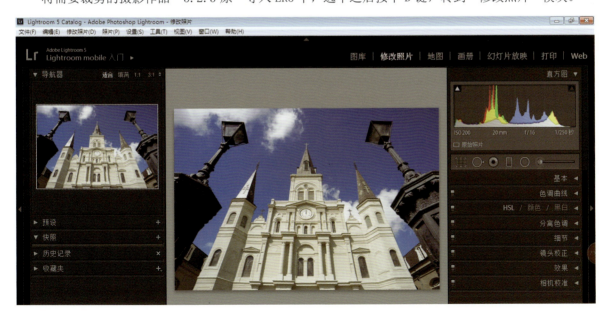

裁剪照片

01 按下字母R键，或者选择"裁剪叠加"工具，画面中就会出现裁剪框和裁剪网格。

02 按下字母O键可以切换成不同格式，先将网格切换到"黄金分割构图网格"，然后将鼠标分别放在裁剪框的左右两条边上并向右或向左拖拉，将画面两侧多余的部分裁剪掉。

03 用与前面同样的方法，将画面底部裁掉一些，让主体雕塑落在两条斜线的交点上（即黄金点上），这是一条简单易用的法则。

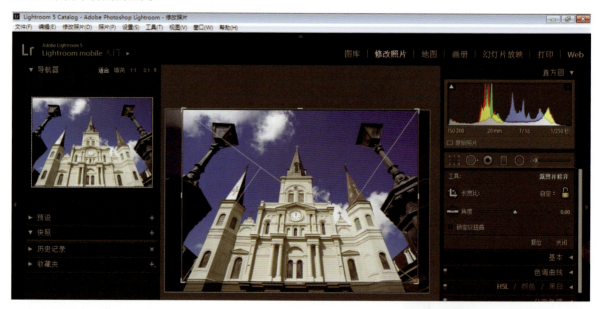

04 如果遇到主体物位于画面左部的图片，就需要执行"照片>水平翻转"命令将照片进行水平翻转，这样才能和构图网格的方向贴合。

裁剪后的主体效果更明确！

5.3 校正工具

在 LR5 的"裁剪叠加"工具中，除了刚刚学习的裁剪功能之外，还提供了一种简易、直观的调整角度歪斜的校正工具。如果不小心拍出了歪斜的照片，也不要不开心，用校正工具调整照片角度，就能得到完美的端正照片啦！

5.3.1 手动操练：校正方法

下面介绍 3 种不同的水平校正方法，其中最便捷的就是"校正工具"——小尺子。

旋转裁剪框

01 导入图片后，按下 D 键进入"修改照片"模块。
02 选择"裁剪叠加"工具，裁剪框就会在画面中出现。
03 将鼠标移动到裁剪框之外，待光标变为双向箭头时，按住鼠标旋转外框。

04 旋转到合适的角度松开鼠标，并双击画面中心，照片中歪斜的对象就会被校正。

用"校正工具"校正歪斜

01 在"裁剪叠加"工具中找到"校正工具"。

02 将带有小标尺图标的鼠标移动到画面中，沿地平线从左向右拖动鼠标。

03 松开鼠标后画面被自动校正，双击画面即可完成校正。

角度滑块

01 拖曳"校正工具"右边的"角度"滑块进行调整。

02 在"角度"滑块右侧的数值框中输入相应的数值,可以实现更精确的校正。

> **Tips**
> 在"裁剪并修齐"选项栏中有一个"锁定以扭曲"选项,勾选该项后,对图片进行镜头扭曲校正时,裁剪框会自动调整大小,以确保裁剪的画面不留空边。

5.3.2 手动操练：调整画面色调

用 LR5 对下面的照片进行倾斜校正，并适当地调整画面整体色调，使作品效果更加令人满意。

导入照片并调色

01 从光盘中导入图片"5.3.2 原"后，使其显示在"图库"模块中。

02 单击"色调控制"旁边的"自动调整色调"按钮，调整照片的颜色。调整后，照片的色调更明亮了，细节更清晰了。

校正画面歪斜

01 进入"修改照片"模块。

02 选择"裁剪叠加"工具，画面出现了裁剪网格。

03 在展开的选项中选取"角度"旁边的"校正工具"，并沿照片中的水平面（地平线）从左向右拖曳。

04 松开鼠标后，裁剪框自动旋转以校正歪斜的画面。

05 双击画面完成对照片的校正。

增强照片色彩

01 在"修改照片"模块中，展开"基本"面板，在"色调"选项下将"曝光度"向右拖至"+0.56"，"阴影"设置为"+36"，并适当减少"对比度"数值。

02 接着，在"色调"选项中将"清晰度"增加到"+20"，"鲜艳度"增加到"+10"，"饱和度"增加到"+10"。

Lightroom 完全自学一本通

完成导出照片

01 照片调整至满意后，执行"文件＞导出"命令导出照片。

02 在弹出的"导出一个文件"对话框中进行设置，单击"导出"按钮即可。

歪斜校正并微调影调前后效果对比如下。

5.4 照片本色还原法

在拍摄照片之前，根据不同的光照条件设置好数码相机的色彩平衡参数，这样就可以保证拍摄出来的照片颜色不失真。如果相机内的色彩平衡参数与景物周围的光线调整（色温）不一致，照片就会出现偏色情况。这种调整常常以白色或中性色为参照进行设置，所以称为白平衡设置。在后期数码暗房中检查和调整白平衡极为重要。一般都要先对白平衡进行调整，然后再调整照片的色调。

5.4.1 手动操练：用采点工具设置白平衡

拍摄这张海景照片相机的设置是自动白平衡，照片中海面的颜色很明显有些偏蓝，幸运的是，原片的格式为 RAW，这为后期的白平衡调整提供了广阔的空间。

> **Tips**
> 在 LR5 中，调整 RAW、DNG 格式照片的白平衡是不会损伤照片画质的。也就是说，不会对照片产生任何影响，就像在拍摄之前设置相机的白平衡一样调整。而 JPEG、TIFF 和 PSD 文件则没有这种功能。

选择"白平衡选择器"工具

在"修改照片"模块的"基本"面板中，单击"白平衡选择器"工具 ，或按下 W 键。

设置工具选项并采点

01 在工具栏中选择"自动关闭"和"显示放大视图"选项,将"缩放"滑块移到最左边。

02 将"白平衡选择器"工具放到近处浪花的区域内移动。

03 同时观察软件左侧面板中的"导航器"窗口显示的预览,这是一种感性的判断。

04 还有一种理性的判断方法:移动"白平衡选择器"时观察"拾取目标中性色"窗口底部的R(红)、G(绿)、B(蓝)数值,寻找R、G、B数值最接近之处,作为取样点。因为此处原色最有可能接近中灰色,是最佳的取样点,这就是专业人士常说的用数据确定取样点。

05 确定取样点后,单击鼠标,此区域区域的颜色会变为中性灰色,并且整个画面的白平衡得以校正。同时,"基本"面板中的"色温"和"色调"滑块也随之变化。

5.4.2　知识点：用色温和色调设置白平衡

设置白平衡的方式除了"白平衡选择器"的采点设置以外，还有一种方法，即调整"色温"和"色调"滑块。在 LR5 中，如果是 JPEG、TIFF 和 PSD 文件，会使用 –100 到 100 的温标值（即相对温度）调整白平衡，而在处理 RAW 文件时，会使用 Kelvin 温标（即绝对温度）调整白平衡。下面开始讲解调整方法。

"色温"的调整

"色温"（Kelvin）滑块左移可降低照片的色温使照片变冷，右移可提高照片的色温，使其变暖。也可以在"色温"文本框中输入一个数值，使其与环境光颜色匹配。例如，如果在摄影时使用钨丝灯光模式拍照并将图像色温设置为 3200K，则照片的色彩就是准确的。

光照类型	色温（K：开尔文）
标准烛光	约 1800
日出前	约 2000
钨丝灯	约 3200
白色荧光灯	约 4000
日光	约 5200
闪光灯（不同品牌有别）	约 6000
阴影	约 7000
阴天	约 8000

"色调"的调整

"色调"滑块左移（负值）可给照片添加绿色，右移（正值）可给照片添加洋红色。

Tips　在调整完色温和色调之后，如果在阴影区域存在绿色或洋红色的阴影，应打开"相机校准"面板，调整其"阴影"下的"色调"滑块，将阴影尽量消除。

5.4.3 手动操练：还原画面的真实色彩

利用"白平衡选择器"工具还原下面照片中的真实颜色。

导入照片并选择工具

01 将需要调整的照片"5.4.3原"从光盘导入LR5中，然后按下D键跳转至"修改照片"模块中。

02 展开"基本"面板，选择左上方的"白平衡选择器"工具。

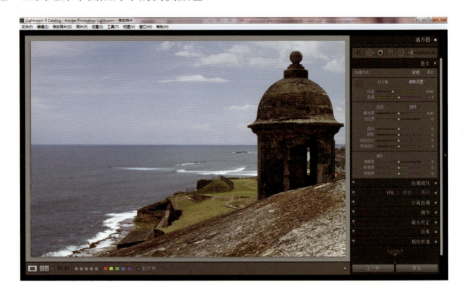

采样工具的设置

01 在工具栏中设置"白平衡选择器"工具，选择"自动关闭"和"显示放大视图"选项，将"缩放"滑块移到最左边。

02 用"白平衡选择器"工具在画面中移动，并同时查看取样点放大视图（"拾取目标中性色"图框）下方的R、G、B数值，3个数值最接近的点就是白平衡取样点。

调整完成

单击已确定的白平衡取样点后，照片的颜色基本还原了。如果喜欢偏冷一些的调子可以微调"色温"滑块，将其向左稍微移动一点。

调整前后的效果对比如下。

5.5 污点去除工具

为什么拍出来的照片会有污点呢？如果相机的感光元件（CCD 或 CMOS）或镜头上有一些灰尘，拍摄出来的照片上都有可能出现污点。尽管有的污点微乎其微，但对于追求完美画质的摄影师来说，再小的灰尘都是不能容忍的。使用 Photoshop 可以完美地去除这些瑕疵，但毫无疑问的是，使用 LR5 中的"污点去除工具"可以更简单、更直观地去除这些碍眼的污点。

另外，"污点去除工具"还有一种用法，就是能够复制画面中的对象，例如将画面中的一朵云复制到天空中的其他方位。

5.5.1 手动操练：查找污点

在其他的修图软件中，要想检查出画面中的所有污点，无疑是费时费力的，需要非常认真细致，一不小心就有可能遗漏。然而，在 LR5 中寻找画面中存在的污点，却可以既轻松、快速，又不会漏掉任何一个污点。下面介绍污点的查找方法。

01 按下 Z 键放大图片到 "1∶1"视图（这实际上就是按图片100%比例放大显示）。

02 转到左侧面板区域顶部的"导航器"面板，将导航器面板预览图框内的小矩形先拖放到左上角。

03 移动一个部分，继续检查。当检查到图片的底部时，只要再次按下 Page Down 键，检查的区域就会自动折回到照片顶部，准确错开一列。一直检查下去，直到到达右下角为止，这样就可以保证不漏掉任何部位。

> **Tips**
> CMOS 和 CCD 都是在数码相机中可记录光线变化的半导体。CMOS 针对 CCD 最主要的优势就是非常省电，只有在电路接通时才有电量的消耗。CMOS 的缺点就是太容易出现杂点。CCD（电荷耦合器件图像传感器：Charge Coupled Device），它的优势在于成像质量好，但是由于制造工艺复杂，所以导致制造成本较高。

5.5.2 手动操练：去除污点

用上述方法找到画面中的污点后，可以按照下面的步骤消除污点。当然没有污点是最好不过的了。

去除污点

01 进入"修改照片"模块，按下 N 键或者直接单击"污点去除工具"图标，选取工具。

02 在"污点去除工具"的选项栏中有两个选项。"仿制"是把照片附近部分复制到目标点上。而"修复"则取样附近区域的光照、纹理和色调修复污点。本例选择"修复"。

03 将鼠标指针放在污点上，利用"大小"滑块调整画笔直径到能包含住污点，最好比污点大 25% 左右。

"不透明度"决定了目标区域与源区域的融合程度，默认设置为"100%"。

不透明度为 1% 时的污点修复效果如图所示。

04 在污点上单击鼠标左键，系统会自动从附近区域取样修复污点。如果自动修复的效果不够理想，按住并拖动鼠标到另一取样区域后再松开鼠标，以此方法修复污点。

仿制对象

01 按下 N 键或者直接单击界面右侧的"污点去除工具"图标，选取该工具。

02 在工具选项栏中选择"仿制"。

03 调整画笔半径到合适大小，在需要增加对象的地方单击鼠标后，按住并拖动到取样区域，即可将取样区域的对象仿制到此处。关于对工具的其他调整操作则与修复污点的操作方法相同。

Tips

修复与仿制之间的转换以及对修复点的删除、复位去污效果都可以通过单击鼠标右键修复仿制的圆形区域来实现，在弹出的快捷菜单中选择相关命令。

5.5.3 手动操练：多张照片上相同的污点同时去除

如果数码相机镜头或传感器（CCD 和 COMS）上的灰尘出现在多张照片的同一位置，我们可以运用 LR 提供的"复制"和"粘贴"功能同时修复所有照片的污点。

01 在"胶片显示窗口"中选择一组照片中的任意一张（最好是第一张或最后一张），按照之前所讲的步骤进行污点去除，然后单击左侧面板底部的"复制"按钮。

02 在弹出的"复制设置"对话框中先单击"全部不选"按钮，然后仅选中"污点去除"复选框。复制上一步中的所有污点去除操作。

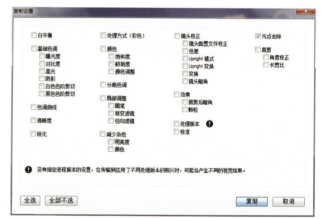

03 按住 Ctrl 键，在"胶片显示窗口"中选择要修复的多张照片（如果选择连续多张照片，可以按住 Shift 键单击第一张和最后一张照片），然后单击"粘贴"按钮，将刚才复制的操作命令应用到选中的多张照片上。

5.5.4 手动操练：修复画面中的污点

接下来我们一起来实践一下污点的修复过程。本例使用的是一张拍摄于罗马的风景照，最初的拍摄意图是想表现蓝蓝的天空和雄伟的建筑，但如果在万里无云的蓝色天空中出现了一些污点，一定非常让人不舒服，所以一定要修复它！

污点的查找

01 在"图库"模块中，执行"文件＞从磁盘导入照片"命令，导入所需照片，然后按下 D 键，进入"修改照片"模块。

02 按下 Z 键放大图片到"1：1"视图，然后连续按下 Page Down 键检查画面各区域有无污点。

03 在画面的右上角找到了几处轻微的污点。

工具的设置

01 按下 N 键或者直接单击界面右上侧的"污点去除工具"，以选取该工具。

02 在工具栏中选择"修复"选项。

03 将画笔"大小"调整到"50"（比污点稍大），"不透明度"设为"100%"。

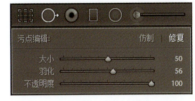

污点修复

01 在污点上单击，让系统自动修复污点。

02 单击"污点去除"工具栏中的"关闭"按钮，完成污点修复操作。

5.6 手动操练：红眼校正

　　"红眼"现象是夜间或室内用闪光灯拍摄人物时，由于被摄对象眼底血管反光的影响，使照片上人物瞳孔发红，看上去人物眼睛就像兔子眼睛一样。消除"红眼"现象可采用多种方式，使用LR5中的"红眼校正"工具就可以很容易地消除红眼。

01 在"修改照片"模块的工具条中选择"红眼校正"工具。

02 鼠标变为带定位标记的光标，将其移动到画面对准红眼位置单击，就可以消除红眼。

03 为了得到更好的消除红眼的效果，还可以在"编辑"选项中设置"瞳孔大小"和"变暗"参数。其中"瞳孔大小"滑块调整消除红眼的范围大小，"变暗"滑块调整选区中的瞳孔区域和选区外的虹膜区域的明暗度。本次修改完成后，若要再次修改这一红眼区域，只需单击此区域即可将其激活为编辑状态，这时按下Delete键即可将所做的红眼校正删除，按下H键可以隐藏或显示红眼校正区域。

04 单击"复位"按钮可清除"红眼校正"工具所做的更改，将其还原到未修改前的状态。单击"关闭"按钮保存本次修改结果，并退出"红眼校正"工作状态。

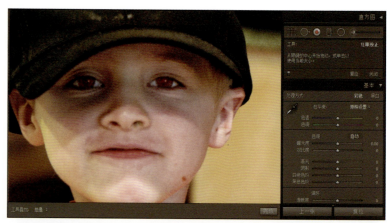

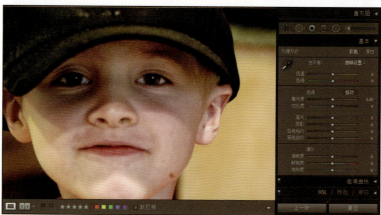

调整前后的效果对比如下。

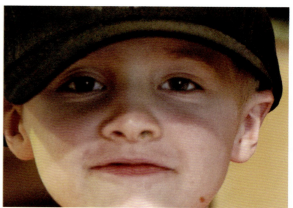

5.7 局部调整照片

在数码照片的后期处理中，根据某些画面的整体需求，有时会调整某些特定的局部区域，LR5中的"渐变滤镜"和"调整画笔"就是用来对局部照片进行调整的。本节将介绍如何运用这两个工具调整照片局部的曝光度、对比度、清晰度和颜色等细节部分。

5.7.1 手动操练：渐变滤镜

渐变滤镜是传统摄影中常用的辅助器材。渐变滤镜对照片的作用有渐进效果，滤镜的作用只在其中一边，另一边对照片没有影响。如果按照用途分类，常见的渐变滤镜有灰色渐变镜、蓝色渐变镜、灰茶色渐变镜、橙色渐变镜等。

要拍摄有水平、有要求的风景照片，合适的滤镜是必不可少的，渐变滤镜可以平衡影调。例如，在天空与地面的亮度反差很大时利用滤镜深色的一边降低天空的亮度，减少与地面的反差，可以很好地呈现出天空与地面的层次。在拍摄蓝天白云、日出日落时，合适的渐变滤镜还有另一个作用，它能使天空的色彩更漂亮、浓重。

渐变滤镜的使用技巧

LR5为我们提供的渐变滤镜可以一次重叠添加多种效果，因此它超越了传统渐变滤镜的功能。对渐变滤镜功能的这些扩展设计，也让LR5走在了同类软件的前列。

01 "渐变滤镜"工具位于"直方图"下方的工具条中，直接单击其图标或者按下M键都可以选择此工具。

02 单击右侧的小三角可以展开它的效果调整面板。

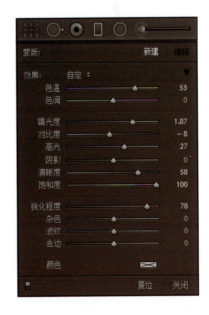

03 在画面中从上至下拖曳光标。拖曳时，渐变滤镜定位点（圆圈所指）将显示在效果作用区域的中间位置，三条白色参考线表示滤镜效果从强到弱的范围。

04 拖曳渐变滤镜定位点可以移动它,将鼠标指针移到定位点旁,当鼠标变为弯曲的双箭头形状时可以旋转定位点。拖曳外侧白线可以扩大或缩小渐变效果作用范围。

05 要恢复使用滤镜前的效果,单击"渐变滤镜"选项栏底部的"复位"按钮。
06 如果只是想暂时关闭渐变滤镜效果,可以单击"禁用/启用渐变滤镜"图标 ▇。
07 删除单个渐变滤镜,只需单击渐变滤镜定位点,然后按下 Delete 键,即可将其删除。
08 拖曳各个效果滑块可以增大或减少效果强度。

渐变滤镜的不同效果展示

01 "曝光度"滑块用来调整图像的整体亮度,滑块数值越大,产生的效果越明显。与 LR3 版本中的"曝光度"滑块相比,它的调整范围更窄一些,比较倾向于影响中间色调。

02 "对比度"调整图像对比度,主要影响中间色调。

03 "高光"用于恢复图像中过度曝光的高光区域细节。

04 "阴影"可以对曝光不足的阴影区域增加曝光，使其显现更丰富的细节。"高光"和"阴影"配合使用，有时也会取得很不错的修饰效果。

05 "清晰度"通过有选择地增加图像局部的对比度来增加图像的深度和"凹凸感"。这项功能可以防止阴影和高光区域中细节的丢失，其工作原理与 Photoshop 中的"USM 锐化"相同。

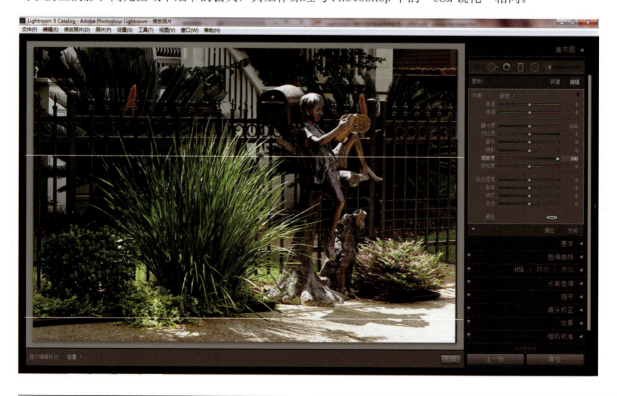

06 "饱和度"调整颜色的鲜明度或纯度。

07 "锐化程度"可增强像素边缘的清晰度,以凸显照片细节。负值表示细节比较模糊。

08 "颜色"可以模拟在镜头前加装彩色渐变滤镜的效果,将色调应用到选中区域。单击"颜色"右侧的色块将弹出颜色面板,可以选择各种颜色应用到画面中。

09 "杂色"可以去除因提亮暗部而产生的明亮度噪点。在打开阴影区域时,这种杂色可能较为明显。

10 "波纹"对摩尔纹有一定的消减作用,主要作用是去除波纹伪影或颜色混叠。

11 "去边"消除边缘的颜色。

12 除以上列出的各种效果外,LR5 还预设了一些常用的特殊效果(例如光圈增强、柔化皮肤和牙齿美白等)。只要留意观察就会发现,在选择某种预设效果后,效果滑块会自动发生改变,由此可以看出预设效果的设计思路。

5.7.2 手动操练:"调整画笔"工具

自LR2后,Lightroom软件新增了一项比较实用的功能,即"调整画笔"工具,它主要用于调整画面局部的曝光、亮度以及颜色饱和度等。通过"调整画笔"工具,不但可以对画面局部进行加减处理,还可以对局部颜色进行调整。

"调整画笔"工具简介

"调整画笔"工具的选项面板分为两大区域:效果调整区域和画笔选择区域,下面分别介绍两个版块。

01 效果调整区域中各项的操作与前面讲过的"渐变滤镜"相同。

02 画笔选择区域分别预置了"A"、"B"和"擦除"3种画笔,每一种画笔都可以调整其半径大小、羽化和流畅度,而"密度"滑块则用来设置画笔的不透明度和流量。

03 如果画笔光标显示为两个同心圆,表明对"调整画笔"设置了"羽化"值,内圆与外圆之间表示羽化区域。在"擦除"模式下喷涂时,显示在照片上的"调整画笔"工具的中心有一个减号图标。

04 单击"调整画笔"工具箱底部的"复位"按钮,可以移去"调整画笔"工具进行的所有调整,此时"蒙版"模式会自动变为"新建"。

对局部加减光

对于专业的摄影师来说,影棚中的反光板和造型灯箱一定是再熟悉不过了,这些器材都可以在拍摄时为对象的局部进行补光和遮光,从而增强摄影作品的艺术效果。与此相同的是,在后期的数码暗房中常常也需要局部调整特定的区域。下面一起学习利用"调整画笔"工具对局部进行补光处理。

01 在"修改照片"模块中，单击"调整画笔"工具图标以选择"调整画笔"工具。

02 按下 O 键，将鼠标移动到画面中需要增亮的区域涂抹，涂抹过的区域将以红色蒙版显示。

03 再按一次 O 键，蒙版显示状态将会关闭。然后将面板中"曝光度"滑块向右拖曳，可以增加蒙版区域的曝光。

如果对涂绘有把握，可以先调整"曝光度"滑块，然后涂绘需要增亮的区域，而不必显示红色蒙版。

04 单击"关闭"按钮，完成操作。

局部减光的操作方法和局部加光一样,唯一不同的是,最后一步要将"曝光度"滑块向左拖曳,降低蒙版区域的曝光。

局部颜色的调整

在学习完局部补光和减光的操作方法之后,下面一起来了解如何利用"调整画笔"工具调整照片的局部颜色。

01 选择"调整画笔"工具。
02 单击"颜色"右侧的颜色选择框。

03 在打开的颜色拾色器中选择颜色,本例为了使画面中的草地更绿,所以选择了一种绿色。
04 用设置好的画笔涂绘草地,可以看到草地变得更绿了。

5.7.3 手动操练：给天空增加层次

这个例子像变魔术，在一张天空中几乎没有任何内容的照片上，通过使用"渐变滤镜"调整出了丰富的层次感，使画面气势更加浑厚。

渐变滤镜的应用和设置

01 在"图库"模块中，执行"文件＞从磁盘导入照片"命令，从光盘中导入需要调整的照片"5.7.3 原"。按下 D 键，进入"修改照片"模块。

02 选择"渐变滤镜"工具，并完全展开效果调整面板。

03 将鼠标移动到照片顶部，按住 Shift 键垂直向下拖动鼠标，将会出现带有三条白线的滤镜效果作用于区域。

04 在效果调整面板中，将"曝光度"和"高光"滑块分别拖至"-1.00"和"-100"，可以看到天空云彩的层次和色调有明显的变化。

05 适当增加"对比度"、"清晰度"和"饱和度"的数值,以进一步增强天空的层次和感染力。单击"完成"按钮,完成照片调整。

提亮岩石

继续观察画面,虽然天空更有层次感,但是画面中的岩石顶部却变暗了,这是渐变滤镜的副作用。下面再用"调整画笔"工具调整岩石颜色。

01 选择"调整画笔"工具。

02 调整画笔的"大小"为"5.1","羽化"值为"100","流畅度"为"100",其余使用默认值。

03 按一次 O 键,然后将鼠标移动到画面右侧的岩石上,对其较暗区域进行涂抹,涂抹过的区域将以红色蒙版显示。

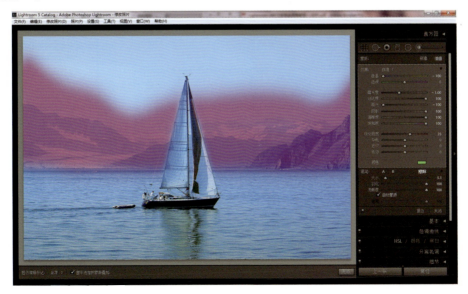

04 按下 Z 键，1：1 放大显示涂绘的边缘，我们会发现有些地方多涂了。单击"擦除"命令，并设置擦除画笔的"大小"为"10"，"羽化"和"流畅度"保持"100"不变。

05 勾选"自动蒙版"复选框。一旦勾选此项，系统会识别边缘，自动进行边缘保护，以防止误擦除。

06 移动鼠标到画面中擦除蒙版的多余部分，擦除时有一个技巧，就是要轻快地一带而过。

07 再按一次 O 键，关闭红色蒙版显示。然后将面板中的"曝光度"滑块右拖至"0.60"以增加蒙版区域的曝光。

08 单击"完成"按钮，完成对该照片的调整。

5.8 调整影调

在 LR5 中,调整影调的两大法宝就是曝光和曲线。在后期处理中两者的作用是相似的。在学习曝光和曲线调整之前,首先要了解一些直方图的知识,这非常有利于后期的调整。

5.8.1 知识点:直方图

直方图位于 LR5 右侧面板的顶部,作为判断图像曝光和影调效果的重要依据,它反映了照片的像素分布情况。在直方图的二维坐标系中,横向最左边为最暗部(黑色色阶),向右逐渐变亮,最右边为最亮部(白色色阶),纵向表示一定亮度范围内像素的分布情况,影调像素的分布很像山峰。

一般来说,即使不看原图,仅通过直方图中像素的分布情况,也可以判断出原图的影调类型。下面是几种常见的直方图和其对应的影调类型。

①完整饱满型——影调均衡。

②左坡型——照片偏暗。

③右坡型——照片偏亮。

④中凸型——反差过低、照片发灰。

⑤中凹型——反差强烈。

> **Tips**
> 实际情况中,直方图仅仅是一个参照,因为所谓完美的"直方图"并不一定代表完美的影调。例如一张剪影风格的照片,它的直方图一定不符合"完美"标准,但是却不能因此完全否定该照片。多了解一些成功作品的直方图就会明白这个道理。

5.8.2 手动操练：调整曝光

LR5的曝光调整功能非常强大：一个"曝光度"调整滑块和4个相关的辅助调整滑块（包括"高光"、"阴影"、"白色色阶"、"黑色色阶"滑块）。在"基本"面板的"色调"选项区域中就可以找到它们。

常规的曝光调整

01 如果照片整体偏暗或者偏亮，这种情况只需要单向调整"曝光度"滑块即可。将鼠标放到"曝光度"滑块上向左拖曳以减少曝光，向右拖曳以增加曝光。在LR5"基本"面板的"色调"区域中提供了1个"曝光度"调整和4个曝光辅助调整滑块。

02 将鼠标放在"直方图"上左右拖动，照片的曝光度也会随之变化。鼠标在"直方图"的不同区域，调整区域也会不同，通过"直方图"左下角的文字提示，可以判断当前所调整的区域。如果左下角没有文字显示，在直方图上单击鼠标右键，然后在弹出的菜单中选择"显示信息"即可。

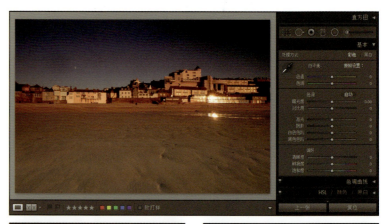

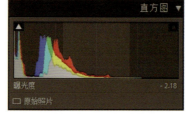

曝光的精准调整技巧

01 在"修改照片"模块的"直方图"中，左、右上角各有一个小三角，分别是"显示/隐藏阴影剪切"和"显示/隐藏高光剪切"按钮。单击"直方图"左上角的小三角，打开"显示阴影剪切"界面。这时可以发现预览窗口中照片的左下方出现了一些蓝色色块，这表示此处太暗了。如果蓝色区域印刷出来将会是黑色，没有任何细节。

02 单击"直方图"右上角的小三角，打开"显示高光剪切"界面。这时我们会发现预览窗口中照片的右上方出现了一些红色色块，这表示此处太亮了。如果红色区域印刷出来将会是白色，也没有任何细节。

根据剪切警告调整曝光

01 如果画面中显示红色高光剪切区域，向右移动"高光"滑块，也可相应地向左微调"曝光度"滑块（一般情况下"曝光度"无须调整）。

02 如果画面中显示蓝色阴影剪切区域，可结合调整"黑色色阶"和"补光效果"的对应参数，消除阴影剪切现象。

5.8.3 手动操练：调整曲线

"色调曲线"是一种高级功能，用来调整影调。加上LR5的分通道调整功能，操作起来会有一点复杂，需要反复练习才能更好地掌握和使用该功能。

色调曲线图

色调曲线图是依据直方图设计出来的。下面一起来学习如何看懂色调曲线图。

01 水平轴表示照片图像的原始色调值，从左至右表示从深色调到浅色调的变化。垂直轴表示更改后的色调值，从下至上表示从深色调到浅色调的变化（面板中不显示）。

02 如果曲线上的某个点上移，表明色调变亮；下移，表明色调变暗。如果是45°的直线，表示色调等级没有任何变化，原始输入值与输出值完全相同。

03 "通道"选项允许同时编辑RGB三个通道，也可以选择分别编辑红色、绿色或蓝色通道。分通道调整对于画面色偏的校正非常有效。

04 位于面板左上角的是"目标调整"工具，可以放到画面上实时调整。

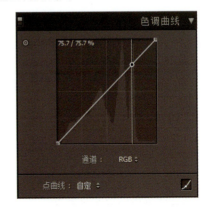

05 在面板底部的"点曲线"中预设了3种调整效果,其中"线性"为复原效果。

06 展开"色调曲线"面板,"色调曲线"面板上会出现"高光"、"亮色调"、"暗色调"、"阴影"4个调整滑块,可以分别调整对应的影调区域。

07 也可以对曲线上的单个点进行调整,或者在曲线上添加、删除一个点。

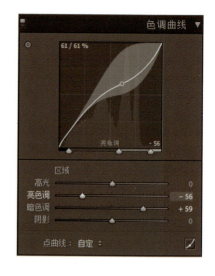

使用曲线面板的方法

01 展开"色调曲线"面板,单击曲线上的某个点,并将其向上拖曳,使画面上的相应区域变亮;向下拖曳则会使画面上的相应区域变暗。在调整曲线的同时,可以看到对应的滑块也会一起滑动。

> **Tips** 值得一提的是,LR5中的色调曲线很"聪明",在调整不同的色调区域时,该区域将会高亮显示可调整的范围,并且限制调整不超过此范围,这很好地解决了没有经验的新手因调整过度而造成破坏性效果的问题。

02 单击位于"色调曲线"面板左上角的"目标调整"工具,然后将光标移至照片中要调整色调的区域。单击鼠标并拖曳指针向上以使此处色调变亮,向下则使此处色调变暗。

03 从"点曲线"的下拉菜单中选择一种效果(预设了3种调整效果,其中一种是复原效果),画面色调层次和曲线形状将发生相应的变化,但这种变化不会反映在区域滑块中。

04 在"色调曲线"面板中，可以在曲线上单击以添加一个调整点，拖曳这个点就可以调整画面色调。用鼠标右键单击曲线上的某个点，在弹出的菜单中选择"删除控制点"用鼠标命令可以删除该点。要复位到最初状态，可以在曲线图中的任意位置单击鼠标右键，在弹出的菜单中选择"拼合曲线"命令，即可返回到"线性"状态。

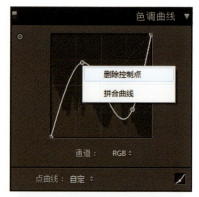

05 如果上面的方法都不怎么习惯，还可以尝试另一种方法，利用"编辑点曲线"面板中的"高光"、"亮色调"、"暗色调"和"阴影"4个调整滑块对画面中的不同区域进行调整，调整的效果和曲线基本相同，只是调整的区域没有编辑点曲线那么准确。

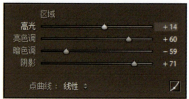

5.8.4 手动操练："腾龙黄"消除法

对于使用过腾龙镜头的摄友来说，"腾龙黄"必然是不陌生的真切感受。产生这个现象的原因也许不得而知，但是消除这个现象的方法却非常简单。利用色调曲线的分通道调整功能，就可以快速解决这个问题，让大家远离"腾龙黄"的烦恼。

01 腾龙镜头最致命的弱点就是，无论什么价位的腾龙镜头，拍出的作品都带有明显的"腾龙黄"，这也是与原厂镜头画质差异最明显的地方。如果后期处理可以轻松消除这个麻烦，腾龙镜头的性价比就会提升很多。

02 黄色和蓝色在色环上是一对补色，采用补色抵消的处理思路，展开LR5的"色调曲线"面板。在"通道"选项中选择"蓝色"通道，然后在蓝色通道曲线的中段偏上位置（肤色色阶的大致位置）上单击并按住鼠标向上推动一点，同时观察画面黄色色调的消除情况，此时的"腾龙黄"已经荡然无存。

03 经过上一步的调整，一般都可以轻松地消除腾龙黄。本例中，为了让墙体色调看起来更自然一些，还可以消减一些红色倾向。在"色调曲线"面板中选择"绿色"通道曲线，并将其向上稍微拖曳一点即可。

5.8.5 手动操练：HDR 效果的实现

在影调调整方面，"高光"和"阴影"是 LR5 中非常实用的影调调整功能，这一组滑块能够有效地恢复亮部细节和给暗部补光，还可以轻松调出 HDR（高动态范围）效果。

先来欣赏一下调整前后的对比效果图。

01 从光盘中导入需要调整的照片"5.8.5原"，按下 D 键，进入"修改照片"模块。

02 展开"基本"面板，将"高光"滑块向左拖曳至"-100"，"阴影"滑块向右拖曳至"+100"。观察画面效果，亮部和暗部细节的呈现比之前更好了。

03 为画面影像增加一些"对比度"和"清晰度"。

04 经过前面的调整后,感觉画面还有些灰!对比度不能再增加了(否则会失真),怎么办?先观察前一图片的直方图,最左和最右两侧缺少像素分布。前面我们讲过,"白色色阶"和"黑色色阶"这一组滑块正好是调整这两处区域的。所以分别向右和向左拖曳"白色色阶"和"黑色色阶"滑块至"+50"和"-78",问题得以解决!现在观察本图的直方图,和之前是有差别的。

5.8.6 手动操练：调整光线

01 从光盘中导入需要调整的图片"5.8.6原"，并转到"修改照片"模块中。这张照片看起来影调有些灰暗，失去了很多细节，效果让人不太满意。现在利用调整曝光和影调来处理这张照片，试着让画面看起来更加明快、通透一点。

02 观察直方图，像素集中在中间偏左侧区域，两侧没有像素分布，属于典型的中凸型，难怪反差低、照片发灰。先向左拖曳"黑色色阶"滑块，同时观察直方图暗部像素（最左侧）的变化，直到像素"山脚"抵达直方图框的左侧边。

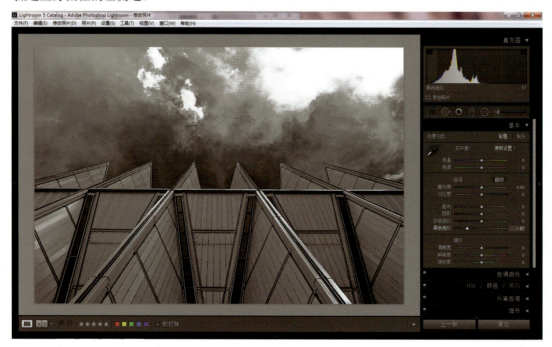

03 向右侧拖曳"白色色阶",同时观察直方图亮部像素(最右侧)的变化,直到像素右边的"山脚"抵达直方图框的右侧边。

04 向右拖曳对比度滑块,适当增加对比度,此时画面更加明快了。

05 展开"色调曲线"面板。在"点曲线"选项中选择"中对比度",进一步加强画面整体的对比度。"中对比度"和上一步调整的"对比度"虽然同属对比度的调整,但是所调整的范围却不一样。"对比度"滑块的调整作用于中间灰阶,"中对比度"曲线却作用于整体色阶。

06 通过前面的调整,画面效果已经与预期相符,但还可以对画面进行更深入的修饰,稍微向左拖曳一点"曝光度"滑块,接着向右拖曳"高光"滑块,这样的处理保留了天空的细节和层次,也使画面的整体影调更透亮。当然,最后锦上添花的微调一定是细微的变动,稍有不慎将会画蛇添足。

影调调整前后的效果对比如下。

5.9 调整单个颜色

除了调整画面的整体色调外,在数码照片的后期处理中,常常还需要单独调整某一种或几种颜色,以此来改变画面的色彩搭配,可以更鲜明地突出作者的创作意图并使主题更加深刻。

在 LR5 的"HSL/颜色/黑白"面板中包含"HSL"、"颜色"和"黑白"3 个调整面板。同样是调整单个颜色,而且两者的工作原理和调整后产生的结果也都相同,但是"HSL"和"颜色"面板的设置方式却有所不同。

5.9.1 手动操练:用"HSL"调整颜色

01 在"HSL/颜色/黑白"面板中单击"HSL",展开"HSL"面板。

02 在"HSL"面板中,包括"色相"、"饱和度"、"明亮度"或"全部"选项,每个选项中都包含了多种颜色的调整滑块,可以单独调整照片中的某个颜色。本例中,我们想让浅蓝色的天空偏紫一些,可以在"HSL"中单击"色相"。

03 向右拖曳"蓝色"滑块至"+100",或在滑块右侧的文本框中直接输入数值,现在观察照片中天空的颜色变化。

> **Tips**
> 单击"HSL/颜色/黑白"面板左上角的"调整色相"工具,将光标移至照片中需要调整的区域,然后按住鼠标左键向上或向下拖曳,即可调整该区域的颜色。

5.9.2 手动操练:在"颜色"面板中调整颜色

"颜色"面板和"HSL"面板的作用相同,其中"色相"改变颜色;"饱和度"调整颜色鲜艳度;"明亮度"更改颜色的深浅。

01 在"颜色"面板中,单击"蓝色"色块显示本次要调整的蓝色调整项。

02 拖曳"蓝色"下方的"色相"滑块至"+100",或在滑块右侧的文本框中输入数值,观察调整结果。如果需要还可以调整"饱和度"或"明亮度",本例不调整这两项。

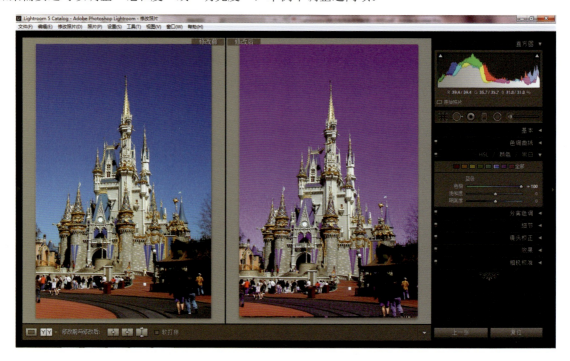

5.9.3 手动操练:调整出画面的自然色调

01 从光盘中导入需要调整的原始照片"5.9.3原"。这张图的颜色有些灰暗,虽然与当时周围的自然色调相匹配,但是如果稍微处理一下色调,视觉效果会更好一些。后期处理的意义就在于此!先调整天空的颜色,在"HSL/颜色/黑白"面板中单击"颜色"选项,选择接近天空的蓝色色块。

02 向右拖曳色块下方的"色相"、"饱和度"滑块至合适位置。还可以适当提高亮度,这样不但可以让色调更鲜明,细节层次也会更加丰富。经过调整之后,天空变得更加清澈。

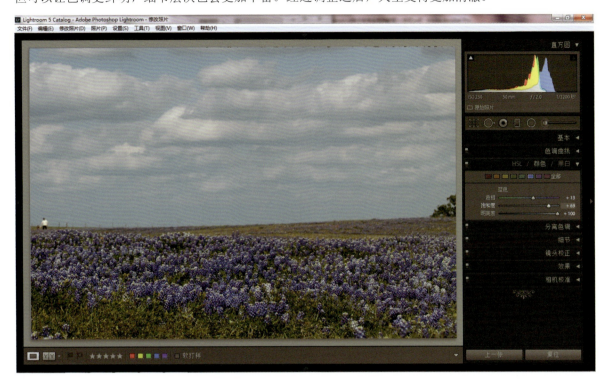

03 用同样的方法调整树干的色调,增加了树干的细节,也使画面的层次更加丰富,看起来更清爽。

04 最后在"基本"面板中，拖曳"对比度"和"清晰度"滑块，使画面的整体对比度和清晰度更明显。调整完之后再对比一下原图，你一定会惊叹于 LR5 的神奇魔力！

颜色调整前后的对比效果如下。

5.10 黑白世界的魅力

黑白摄影适用于什么样的题材呢？哪些彩色原片又适合转换为黑白效果？怎样在 LR5 中实现具有震撼力的黑白影调？这些问题都可以在这节一一解决。还可以学习怎样将彩色照片转换为黑白作品，以及在黑白影调的基础上制作双重色调效果的照片。

5.10.1 知识点：黑白摄影适用的题材

学会用黑白的方式去观察身边的事物，练就一双可以辨别"黑白"的眼睛，才能拍出优秀的黑白作品。

花花绿绿的多彩世界，怎样才能分出黑白呢？这就需要一定的想象力了，把不同的颜色按照色调深浅区分为黑白两类，并以此预测拍摄后的黑白效果。

黑白影调适合的拍摄题材

如果抛去色彩的影响，形状、纹理和图案在黑白影像中能得到更加突出的显现，所以寻找具有这类特征的对象去拍摄，或者有意去捕捉对象上的此类特征，就向成功迈进了一步。

树叶的形状和纹理都很耐看，无论彩色或者黑白，效果都很耐人寻味。

破旧的小房子上投射出斑驳的光影效果，拍成黑白照片后，效果很好。

抛弃了颜色的影响，水珠的形式感更加突出。

不适合黑白拍摄的素材

　　有些对象并不适合用黑白拍摄，而更适合用彩色来表现。

　　下图色彩鲜艳的花朵，转换成黑白效果后灰阶几乎相同，缺乏层次，完全表达不出效果。

　　在下面的场景中，艳丽的颜色看起来非常赏心悦目，转换后的黑白照片则让人完全提不起兴趣。

这张照片中的晚霞在彩色照片中看起来非常绚丽多彩，转成黑白效果后虽然也有另外一种意境，但是却失去了晚霞带给人的视觉效果，平淡无奇。

5.10.2 知识点：更适合转为黑白效果的彩色原片

在数码时代，黑白影像由色光直接生成的现象是不存在的，黑白片都是通过彩色影调转换而来的，相机上"黑白"一类的选项，也都是相机内部芯片转换处理的结果。所以，如果不是需要立即出片，建议选择彩色拍摄，之后在计算机上转为黑白照片，这样不但可以按照拍摄前的预想来处理照片，还能在其中体会到后期调控的乐趣。

在调整照片之前，首先要搞清楚哪些彩色原片更适合转换为黑白照片，也就是说，转换后的黑白效果比原片更好。

这张阴天拍摄的风景照片，颜色平淡无奇，转换为黑白之后仿佛焕发了生机。

一张四平八稳的彩色原片，经过黑白转换的后期调整后，变得生动、悦目，让人印象深刻。

由于背景和主体物的颜色接近，主体不够显眼，但是将照片转换为黑白效果之后，撞色现象消失、层次感更强，且更好地突出了主题。

5.10.3 知识点：黑白转换的简易方法

在 LR5 中，有很多种方法可以轻松地将彩色原片转换为黑白照片，下面列出 3 种最简单的转换方法，它们的共同特点是可以方便、快捷地实现转换，并且能够获得不错的效果，唯一不足的是，不能再对转换后的黑白照片进行更多的操作。

转换黑白的快捷菜单

在"图库"、"幻灯片放映"和"打印"模式下，将鼠标放到需要转换为黑白效果的图片上单击鼠标右键，在弹出的快捷菜单中选择"修改照片设置＞Lightroom 黑白预设 /Lightroom 黑白色调预设 /Lightroom 黑白滤镜预设"，并在其中选择任何一种命令即可。

利用"图库"模块中的"快速修改照片"选项

在"图库"模块中选择一张或多张图片,然后在其右侧的"快速修改照片"面板中单击"存储的预设"右边的小三角展开隐藏选项,最后在"处理方式"一项中选择"黑白"即可。

利用"修改照片"模块中的"基本"面板

在"修改照片"模块中展开"基本"面板,选择"处理方式"为"黑白",即可将当前选择的图片自动转换为黑白效果。

5.10.4 手动操练:黑白转换的进阶方法

除了上一节介绍的三种简易方法之外,转换黑白照片的方法还有两种,使用"HSL/颜色/黑白"中的"HSL"和"黑白"选项,都可以手动调控转换后的黑白影调。

"HSL"转换法

在"HSL/颜色/黑白"面板中选择"HSL>饱和度",使用滑块转换黑白照片可能会稍微麻烦一些,尽管不常用,但是如果掌握好这项功能,完全可以让画面产生特殊的色调效果。

01 选择"HSL>颜色>黑白"面板内的"HSL"选项。
02 在展开的面板中选择"饱和度"选项。
03 将"饱和度"区域中的8个颜色滑块都向左拖至"-100"。

04 如果要单独调整某种或几种颜色的明暗调，可以单击"饱和度"右边的"明亮度"，然后在展开的面板中拖曳需要调整颜色的滑块即可。另外一种更直观的方法就是：单击选择"明亮度"区域左上角的"目标调整工具"，将其放到需要调整的图像处上下拖曳，其作用相当于拖曳滑块调整明暗。

"黑白"转换法

单击"HSL/颜色/黑白"面板内的"黑白"选项，在展开的"黑白混合"区域中，可以对影调中的8种颜色进行个性化的手动调整，创造出富有感染力的黑白照片。

01 导入照片，进入"修改照片"模块，在"HSL/颜色/黑白"面板上单击"黑白"选项。

02 在展开的"黑白混合"区域中排列着8个颜色的调整滑块，每一个滑块分别指向彩色原片中对应的颜色范围。调整各个颜色滑块，将对画面的黑白影调产生不同的影响。例如，将蓝色滑块向左拖曳，天空将会被压暗。

5.10.5 手动操练：分离色调效果

在传统暗房中，要想获得完美的分离色调效果是极其不易的。例如，用硒色调色液产生双重色调效果（让暗部和亮部分别为两种不同的色调），就需要操作者有足够的经验精准地把握染色时间。但是在LR5中，利用"分离色调"命令模拟传统暗房，就可以轻而易举地制作出仿硒色风格的照片。下面，就以仿硒色调为例介绍如何在LR5中制作出分离色调效果。

将照片转换为黑白
按照前面讲过的彩色转黑白的方法，先将数码彩色照片转换为黑白照片。

分离亮部和暗部色调
方法一：

01 单击"分离色调"旁边的小三角按钮，展开面板。将"高光"区域中的"色相"滑块拖到色条上的蓝色区域，适当提高饱和度。

02 将"阴影"区域中"色相"滑块向右拖到最右端，并适当提高饱和度。

03 调整"平衡"滑块，向左拖曳画面偏向阴影的色调，向右拖曳偏向高光的色调。

方法二：

01 单击"高光"旁边的色块，打开"高光拾色器"。此时鼠标指针将变为吸管图标，用它在拾色器中选取高光颜色。

02 选取到合适的颜色后，单击拾色器左上角的小叉图标，关闭高光拾色器。

03 用同样的方法指定阴影的颜色后，再拖曳"平衡"滑块调整高光和阴影色调在画面中的比重。向左拖曳"平衡"滑块，画面偏向阴影的色调；向右拖曳"平衡"滑块，画面偏向高光的色调。

5.10.6 手动操练：将荷花照片转换为黑白效果

01 导入需要调整的原始图片。拍摄荷花时，由于光圈设置太小，画面中的背景稍显凌乱，怎样才能让背景变得干净呢？将背景变暗就是解决问题的最好方法。这样很多"杂物"就可以隐藏在暗处了，亮部的花朵也会更亮，增强画面对比度可以初步解决这个问题。为了提高处理速度，可以选择预设中的"黑白对比度高"选项。

02 裁剪画面。先观察上图，右下角的荷叶角显得零碎，影响了画面的整体感。有两种思路来处理，一种是局部调整画笔进行局部修饰，还有一种就是裁剪。选择"裁剪叠加"工具后对画面进行裁剪，先去掉右侧的零碎荷叶。做完这一步后，马上就能感觉到此图裁成方片效果会不错。

03 为了进一步突出花朵部分，统一背景。展开"效果"面板，设置相关参数。

04 展开"色调曲线"面板，稍微向上拖曳亮部曲线点，将花瓣亮部色调适当再提亮一些，以增强荷花的洁白感。同时不能让花瓣的影调和周围完全脱节，对比中有协调是关键！所以千万别拖得过多，时刻注意效果变化。

05 用同样的方法，适当提亮莲蓬以及背景的局部亮色。提亮莲蓬是为了让荷花整体明亮度更统一，使之形成一个亮色块与背景产生对比。太暗的背景会糊成一片，没有生气，需要局部提亮，这些都是后期处理时需要思考并注意的问题。

06 如果前面因调整荷花亮度而使其失去亮部细节，在LR5中可以通过向左拖曳"高光"滑块找回亮部细节，但是本例用此方法处理后，效果发灰，影响了荷花的洁白。所以改用通过降低曝光度的方法来处理：将"曝光度"滑块向左拖曳至"-0.15"，黑白对比依旧、效果不灰。当然，这一步并不是必需的，做不做还要根据前面的处理情况来定。

07 最后，展示两种创意效果。

第一种效果：降低"清晰度"的数值会让荷花更朦胧，如果不刻意追求真实，这是一个不错的选择。

第二种效果：仿照纯黑色背景拍摄效果，使画面更简洁。选择"调整画笔"工具将其曝光度设置为"-4.0"，并且勾选"自动蒙版"，然后将画面背景涂黑。涂绘边缘时，可以将图片适当放大，画笔适当缩小，这样能够涂得更准确。

5.11 锐化与噪点的降低

画质是否足够清晰？图像有无噪点？这些都是评价一张摄影作品画质高低的重要标准。随着数码相机制造技术的不断提高，分辨率和噪点这两项数码相机的"通病"将逐渐得以解决，将来也许真的不需要再在后期中做锐化和降低噪点的处理了。

5.11.1 知识点：图像的锐化

由于器材的限制或前期拍摄不到位，往往拍摄出的照片会需要一定的锐化。可以通过 LR5 "细节"面板上的 4 个滑块控制图像的锐化。而对于 RAW 文件的处理，使用系统的默认值就可以取得不错的效果。

锐化的原理

锐化其实是通过加强像素之间的对比度，产生视错觉效果。严格地讲，任何锐化都对图像细节会有或多或少的影响。"无损锐化"只是对图像的细节影响相对较小。随着锐化技术的发展，现在的高级锐化功能，增加了很多可调控的选项，利用这些选项能得到更好的锐化效果，减少细节损失。作为一款专为摄影师开发的专业软件，LR5 的"锐化"面板中设计了 4 个调控滑块，它们分别是"数量"、"半径"、"细节"和"蒙版"滑块。如果理解了这 4 个滑块的功能，就可以很好地利用这些功能调出最佳的锐化效果。

"数量"滑块

"数量"滑块，控制相邻像素之间的对比值，较大的数值会产生强烈的对比效果，所以为了使锐化后的图像看起来不失真，建议不要盲目提高"数量"的值。如果是 RAW 格式的图片，系统会自动设置"数量"的数值为"25"，这是一个基于数码相机特性的相对值。

"数量"值为"0"时的效果。

"数量"值为"150"时的效果。

"半径"滑块

"半径"滑块用来控制锐化的边缘宽度(明暗对比强烈的像素通常被定义为边缘),数值越大,范围越宽,边缘对比效果越明显。将"数量"和"半径"设为最大值时的效果如下图所示。

按住 Alt 键的同时拖曳"半径"滑块,可以以"高反差保留"的方式观察"半径"滑块对边缘宽度的影响,"半径"最小时,画面中只出现淡淡的轮廓,说明几乎没有像素受到影响。

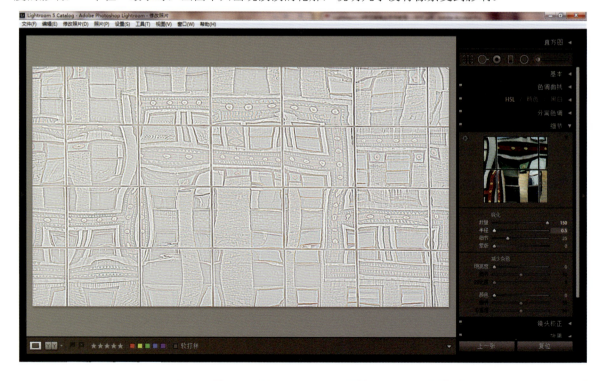

而当"半径"最大时，可以看到对象轮廓边缘变得更清晰，并且更多的轮廓边缘被包含进来，使范围变得更宽了。拖曳"数量"滑块，这些显现出来的边缘将被锐化。

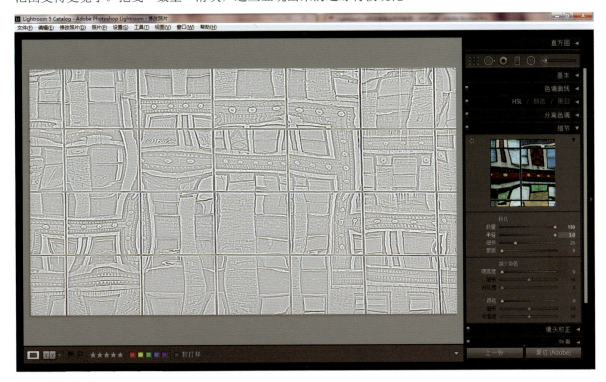

"细节"滑块

"细节"滑块是半径滑块的补充，它确定有多少像素被定义为边缘，较低的值只把对比最强烈的像素定义为边缘，所以它仅增强边缘锐化效果。最大值将图像中所有的像素都定义为边缘，所以它会增强整个图像的锐化效果。"细节"值设置为"25"时的效果如下图所示。

"细节"值设置为"100"时的效果如下图所示。

"蒙版"滑块

"蒙版"滑块控制锐化效果在对象边缘还是在整体区域显示。当"蒙版"滑块在最左边（数值为0）时，显示图像中锐化的所有区域；将滑块拖曳到最右边（数值为100）时，主要显示锐化对比度最高的边缘区域。在肖像作品（特别是女性和儿童肖像）的锐化处理中，"蒙版"有着极其重要的作用。利用它可以保护具有大面积连续色调的皮肤不受锐化的影响仍然保持光滑，让锐化效果出现在眼睛、头发等对比强烈的边缘。

下面一起来看在对图像做了锐化后，将"蒙版"设置为"0"时的效果如下图所示。

将"蒙版"设置为"100"时的效果如下图所示。可以看到,在将"蒙版"设为最大值"100"时,锐化对画面的影响较小。

按住Alt键后拖曳"蒙版"滑块,可以显示实际的蒙版。蒙版以黑白两色显示,其中黑色区域是被遮住的区域,白色区域是显示锐化效果的区域。

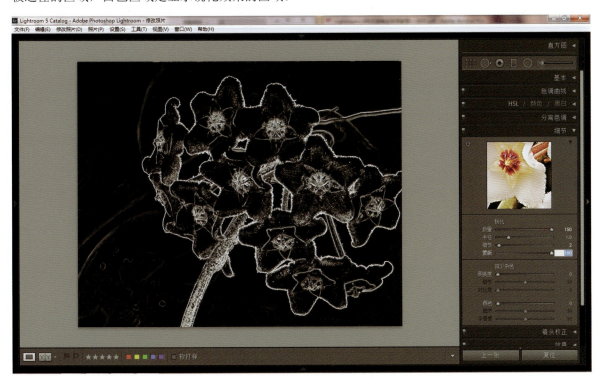

5.11.2　知识点：噪点的降低

图像噪点包括明亮度（灰度）噪点和彩色噪点。使图像呈现粒状，不够平滑的是"明亮度"噪点；"彩色"噪点则使图像的颜色出现色点或色斑，看起来不太自然。在减少画面杂色之前，首先要放大图像仔细观察，认真地分析图像噪点的类型：是"明亮度"噪点还是"彩色"噪点，或者是两者兼而有之的混合型噪点，在得出正确的结论后再开始处理噪点，才能够游刃有余地发挥。

> **Tips**　图像噪点（杂色）产生的主要原因有两点：一是使用高 ISO 感光度拍摄，ISO 值越大噪点越明晰；二是在较暗的光照条件下长时间曝光，照片中就会出现噪点。在以上两种情况下，感光元件尺寸越小的数码相机，感光信号点相互干扰越强，噪点自然就更明显。

图像噪点的两种观察法

在"细节"面板中，单击"锐化"右侧的小三角，可以展开"放大图像预览"窗口（这个窗口以 1∶1，即 100% 的放大比例显示图片），将光标放到"放大图像预览"窗口中按住并拖曳，观察图像噪点。

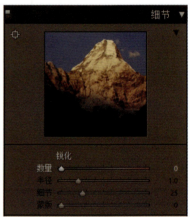

向右拖曳"缩放"滑块，让图片以"2∶1"的放大比例显示图片，这样可以更清楚地观察图像噪点及其修改的效果。

利用两个滑块降低噪点

Lightroom 在"细节"面板中设置了"明亮度"和"颜色"两个调整滑块，分别用来消除"明亮度"噪点和"彩色"噪点。

01 向右拖曳"明亮度"滑块减少图像中的灰度粒状，使图像更加平滑。

对于噪点比较严重的照片，可以通过调整"细节"和"对比度"滑块进一步降低噪点。"细节"滑块控制明亮度噪点的阈值，值越大，保留的细节就越多，但有可能产生少量的灰度噪点；值越小，产生的画面效果就越干净，但也可能会消除某些细节。"对比度"滑块控制明亮度对比，值越大，保留的对比度就越高，但过大的值有时会产生一些色斑；值越小，产生的效果就越平滑。

02 向右拖曳"颜色"滑块以减少图像中的彩色杂点，使颜色过渡更平滑、更自然。

"细节"滑块控制彩色杂点的阈值，作用及其使用方法与"明亮度"滑块下的"细节"相同，只不过作用对象是"彩色"杂点。建议设置较低的"细节"值，以使颜色过渡更平滑。

5.11.3 手动操练：降低画面中的噪点

这是一张室内拍摄的照片，微弱的光线使画面中出现大量的噪点，对照片的画质有很大的影响，下面我们一起来想办法给画面降低噪点吧！

放大观察照片

01 在"图库"模块中，执行"文件＞从磁盘导入照片"命令，从光盘中导入需要调整的照片"5.11.3 原"，按下 D 键进入"修改照片"模块。

02 向右拖曳界面底部的"缩放"滑块，将照片放大至 2∶1 比例显示，用光标推动画面，在暗部找到杂色明显的区域。

降低画面噪点

01 降低"明亮度"噪点，将"明亮度"滑块向右拖至"60"，"细节"滑块向右拖至"70"，"对比度"滑块向右拖至"66"。

02 降低彩色噪点，将"颜色"滑块向右拖至"50"，"细节"滑块向右拖至"60"。此时再观察画面暗部效果，可以发现噪点已经明显减少了。

03 上述操作完成后，如果照片的锐度有所降低，可以适当锐化对象，将"锐化"中的"数量"滑块向右拖至"15"，其余锐化参数不变，画面的画质就会得到改善。

修改前后的照片对比效果如下。

5.12 镜头校正

在摄影中，常常遇到这样的情况，由于相机镜头缺陷而导致产生桶形和枕形畸变（桶形畸变导致直线向外弯曲，枕形畸变导致直线向内弯曲），这时可以启用系统配置文件自动校正，也可以依靠手动调整各种变换滑块对其进行修复。

5.12.1 手动操练：启用配置文件校正

01 展开"镜头校正"面板，单击面板中的"配置文件"选项。

02 勾选"启用配置文件校正"复选框，系统会根据图像的Exif元数据提供的相机和镜头型号自动匹配合适的配置文件，进行相应的补偿校正。

03 可以拖曳滑块，进一步加强或减弱已经应用到图像上的镜头校正。向左拖曳滑块减弱对扭曲的校正，向右拖曳滑块加强对扭曲的校正。

04 如果通过上述操作，"制造商"一项显示为"无"，表示系统内没有匹配的配置文件，此时可以单击"无"字，在弹出的菜单中选择匹配的相机品牌，然后在"型号"一项中选择使用的镜头型号。

5.12.2 手动操练：手动修复镜头变形

01 单击"镜头校正"面板中的"手动"选项。

02 将"扭曲度"滑块向右拖曳可校正桶形畸变导致的直线向外弯曲，向左拖曳可校正枕形畸变导致的直线向内弯曲；拖曳"垂直"和"水平"滑块分别校正垂直方向和水平方向的倾斜变形；"旋转"滑块的作用和本章5.3中介绍的角度校正类似；"比例"用来缩放图像以帮助去除由于透视校正和扭曲导致的空区域，或者显示超出裁剪边界的图像区域。

03 "锁定裁剪"和5.3中讲解的"锁定以扭曲"的功能相同。勾选"锁定裁剪"复选框后，在对图片进行镜头扭曲校正时系统会自动裁剪图像区域，以确保画面不留灰色空边。

没有勾选"锁定裁剪"复选框时，画面在经过镜头扭曲校正后，有灰色空边。

 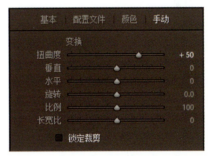

勾选"锁定裁剪"复选框后，画面在经过镜头扭曲校正后，自动裁剪了多余的部分。

 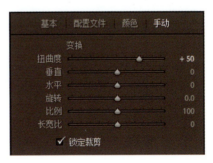

5.12.3 手动操练：消除照片的倾斜变形

该实例中的照片，由于仰拍，造成了图像在垂直方向上的倾斜变形。如果想要校正这种倾斜变形，利用"镜头校正"面板，只需几步即可完成。

01 在"图库"模块中导入需要调整的图片后，按下D键进入"修改照片"模块。

02 展开"镜头校正"面板,单击"手动"选项以选择用手动方式进行校正。
03 在"变换"区域中勾选"锁定剪裁"复选框。
04 将"垂直"滑块向左拖曳至"-20",即可完成校正。

5.13 暗角和收光效果

暗角作为一种镜头缺陷,它最直观的表现就是图像的边缘比中心暗。在 LR5 中,消除照片中的暗角是轻而易举的事情,还可以利用软件的这一特殊功能实现收光效果。即使在传统的手工暗房年代,很多的优秀摄影作品也都做过这种收光处理。

5.13.1 手动操练:镜头暗角的消除方法

在 LR5 中校正照片暗角,只需要拖曳"镜头校正"区域中的"数量"和"中点"滑块,就可以轻松解决。

01 "数量"滑块调整暗角区域的曝光度值(影调深浅),向左移动"数量"滑块,照片的暗角区域就会变亮,暗角就会被消除。如果将"数量"设为最大值"100",照片四周还可能会出现曝光过度的情况,这是在操作中要注意的。

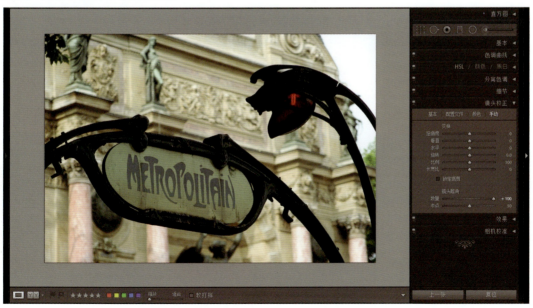

02 "镜头校正"面板中的"中点"滑块是对"数量"调整的补充,用来控制暗角的范围,这一范围是以画面中心为圆心的区域。

左移"中点"滑块,暗角向中心收拢。

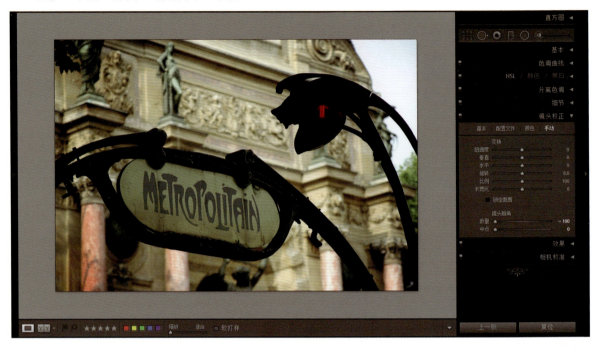

右移"中点"滑块,暗角向外扩散,我们要根据不同范围的暗角调整"中点"的数值。

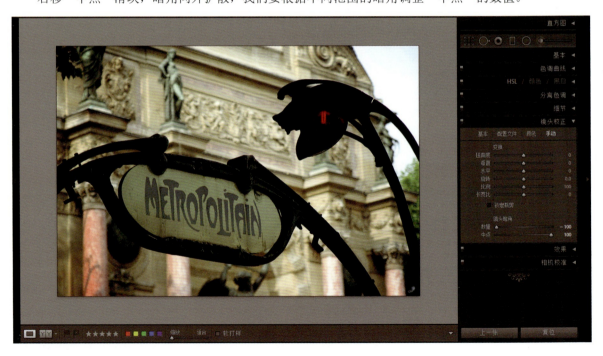

5.13.2 手动操练：收光效果的实现

有时为了突出主体，需要压暗四周，这被专业人士称为收光处理。下面以实例讲解如何利用"效果"面板中的相关调整滑块创建画面收光效果。

01 导入照片，进入"修改照片"模块，并展开"效果"面板。

> **Tips**
> 在展开的"效果"面板中，"裁剪后暗角"区域内的5个调整滑块对照片暗角（不管是裁剪前或者裁剪后的照片暗角）的校正效果并不理想，但是制作收光效果（也有人将其称为"暗角艺术效果"）却是它的长项。Adobe公司如能将"裁剪后暗角"改变一下名称，如改为"暗角艺术效果"也许会更贴切些！

02 选择"样式"（混合样式）为"高光优先"。向左拖曳"裁剪后暗角"区域中的"数量"滑块至"-94"，"中点"设置为"30"，"圆度"和"羽化"保持默认值，以此压暗照片的边角，突出主体。

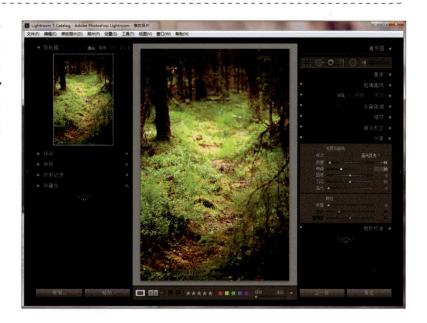

5.13.3 手动操练：消除画面中的暗角

在本例的风景照片中，画面四角有轻微的暗角，我们一起利用刚刚学习的功能，更加完美地呈现这张风景照吧！

01 从光盘中导入需要调整的照片"5.13.3 原"，按下 D 键进入"修改照片"模块。

02 展开"镜头校正"面板，选择"配置文件"校正，并勾选其中的"启用配置文件校正"复选框。

03 手动指定镜头"制造商"为"Canon"，照片中的暗角即可消除了，同时，镜头的变形也得以校正。从此例可以看出，有时暗角的消除和镜头变形的校正，无须烦琐的手动处理，简单的几个按钮即可轻松解决，但前提是 LR5 系统中存有同型号镜头的数据。

04 如果对现有效果还不满意，还可以向右拖曳"暗角"滑块，进一步提亮暗角区域。

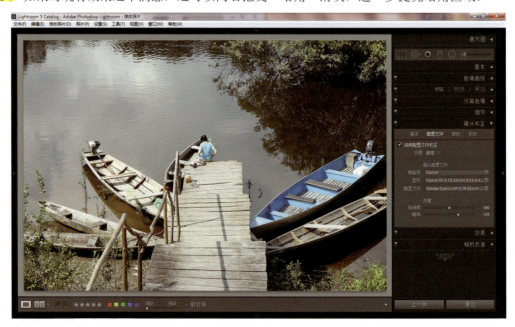

暗角消除前后的效果对比如下。

5.14 相机校准

在 LR5 中，有内置的"相机校准"功能，实际上是利用不同的相机配置文件和原色调整滑块处理图片颜色外观，使其生成和相机成像风格基本一致的色调效果（这些效果区别常常很微妙）。我们可以通过相机"配置文件"自动进行"校准"，也可以使用原色调整滑块进行手动"校准"，还可以将以上两种方法结合使用。

5.14.1 手动操练：自动校准

01 在"修改照片"模块中，展开"相机校准"面板。

02 单击"配置文件"右侧的文字，如果显示"嵌入"，表示此照片文件格式为非 RAW 格式文件的 TIFF、JPEG、PSD 文件，它们已经过处理（包括相机内部的处理），有配置文件嵌入其中了；如果显示"Adobe Standard"或"Camera Standard"，则表示当前照片为原始的 RAW 文件，没有嵌入任何相机配置文件。此时可以在弹出的菜单中选择系统提供的多种配置文件来处理图像，本例选择"Camera Landscape"。

5.14.2 手动操练：颜色的调校

通过相机的"配置文件"可以对照片进行自动"校准"。除此之外，还可以手动调校颜色，使用基于 RGB 颜色模式下的"红原色"、"绿原色"、"蓝原色"的"色相"和"饱和度"滑块即可。利用"阴影"的"色调"滑块可以消除阴影区域中存在的绿色和洋红阴影。

`01` 向左拖曳"阴影"的"色调"滑块消除阴影区域中的洋红色；向右拖曳"色调"滑块消除阴影区域中的绿色。

`02` "红原色"、"绿原色"、"蓝原色"的"色相"和"饱和度"滑块可用于调整照片中的红原色（R）、绿原色（G）和蓝原色（B）。通常先调整色相，然后再调整其饱和度。首先移动"色相"滑块选择颜色，然后根据画面效果的需要，将"饱和度"滑块左移（负值）降低颜色的饱和度或将该滑块右移（正值）增加颜色的饱和度。

5.14.3 手动操练：保存为预设

刚才对照片所做的调整都可以存储为"自定相机校准预设"，之后如果遇到相同的相机在相似的光照条件下拍摄的照片，就可以应用刚刚存储的预设，一步到位地调整照片，工作效率大幅度提高。

`01` 单击"预设"右侧的"+"号图标。

`02` 在弹出的"新建修改照片预设"对话框中勾选对应设置。

`03` 单击"创建"按钮将其保存为预设。

`04` 创建的新预设在"预设"面板的"用户预设"中可以找到，只要单击选项，就可以将其应用于所有选定的照片。

CHAPTER 6

关于照片的导出

目　　的：通过学习 LR5 的导出功能，发现更多更好玩的事情，让 LR5 变得更加方便实用。
功　　能：将照片保存为 JPEG、TIFF、DNG 等文件格式。
讲解思路：基础方法→实际操作→效果展示
主要内容：导出选项的各种不同设置

本章主要是讲解如何利用"导出"命令来保存修改后的照片。在照片完成数码暗房处理之后，如果要将照片另存为 JPEG、TIFF、DNG 等格式的文件，只需执行"导出"命令，选择对应选项即可。还可以为导出的照片添加版权水印。

6.1 设置导出的相关选项

LR5 中专门用来管理导出选项的设置是"导出"对话框,在其中不但可以设置导出照片的名称、文件格式、图像大小、色彩空间、锐化值,还可以选择外部编辑器,为照片添加版权水印等。

按照导出操作的顺序,下面开始为大家介绍如何设置导出照片的各项常规选项。

6.1.1 知识点:导出对话框的打开方式

01 选择已经修改完成的照片,在"图库"模块的"网格视图"中,或者在"修改照片"模块的胶片显示窗口中,若要选择多张照片可按住 Ctrl 键,若要选择窗口中的所有照片,则要按下 Ctrl+A 组合键。

02 执行"文件 > 导出"命令(可以在"图库"模块中导出,也可以单击左侧面板底部的"导出"按钮),将弹出"导出一个文件"对话框。

6.1.2 手动操练:确定存放导出照片的位置

01 在"导出一个文件"对话框顶部有"导出到"选项,在其下拉列表中选择"硬盘"或者"CD/DVD"("硬盘"表示计算机自身的硬盘或外接的移动硬盘及设备,选择此项,导出的照片将存储在硬盘上。"CD/DVD"表示可以将导出的照片直接刻录到 CD 或 DVD 上)。

02 关于"导出位置"的"导出到"选项,在其下拉列表中选择"指定文件夹"即可。

03 单击"文件夹"选项右侧的"选择"按钮,在弹出的对话框中选择一个将要存放导出照片的文件夹。如果单击"选择"按钮左侧的倒三角形图标,会弹出一个菜单,可以更加快捷地从中选择最近使用过的文件夹来存储导出的照片。

6.1.3 手动操练：重命名导出的照片

LR5为我们提供了两类命名模板，一类是"文件名+编号（或日期）"，另一类是"自定名称+编号"。

<mark>01</mark> 文件名+编号（或日期）。

<mark>02</mark> 自定名称+编号。选择了这一类型中的任何一种命名方式后，"模板"选项下方的"自定文本"文本框将被激活，可以在此处输入自定义的名称。

<mark>03</mark> 除此之外，我们还可以选择"编辑"命令，然后在打开的"文件名模板编辑器"中自定义名称。

<mark>04</mark> 选择了带有序列编号的命名模板后，如果不想让其序列编号从默认的"1"开始，还可以在"起始编号"文本框中输入其他数值。

6.1.4 手动操练：导出照片格式的设置方法

在"文件设置"区域中，导出照片有多种文件格式可供选择，除原始格式不需要设置选项外，其余的几种格式都需要设置相关选项，下面将它们一一列出讲解。

设置 JPEG 文件格式

01 在"文件设置"区域中的"图像格式"下拉列表中选择"JPEG"选项。

02 拖曳"品质"滑块，或者直接在其右侧文本框中输入一个数值，设定文件的品质。数值越大品质越高，反之品质越低（文件越小）。

03 "色彩空间"用于设定导出照片的色彩空间，要想取得较好的效果，建议选择"ProPhoto RGB"或"Adobe RGB"选项。

04 勾选"文件大小限制为"复选框后，可以在其右侧的文本框中输入限制大小的数值。

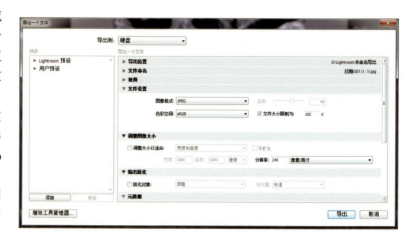

设置 TIFF 和 PSD 文件格式

01 在"文件设置"区域中的"图像格式"下拉列表中选择"TIFF"或"PSD"选项。

02 如果选择"TIFF"格式，将出现一个"压缩"选项，它提供了 3 种压缩方式："ZIP"、"LZW"和"无"。ZIP 与 LZW 均为无损压缩方法，可以压缩文件大小而不损坏图像质量。如果选择"PSD"格式则不会出现"压缩"选项。

03 "色彩空间"的选择和前面"JPEG 文件格式"的设置相同。

04 "位深度"用于设置是以每个通道 8 位还是 16 位的位深度保存图像。除非确定导出的图片还要在 Photoshop 中继续编辑，那么可以选择"16 位 / 分量"，否则建议选择"8 位 / 分量"导出。因为并非所有的图像编辑软件都支持 16 位位深度的图像，即使在 Photoshop 中对其也有很多的限制（例如所有的滤镜都不可用）。另外，很多输出设备并不支持 16 位位深度的颜色（例如印刷机就不能印出 16 位位深度的图像颜色）。

> **Tips**
>
> "位深度"又称为"颜色深度"（Color Depth），常用的位深度（颜色深度）有 1 位、8 位和 16 位三种。一个 1 位位深度的图像包含 2 的 1 次方种颜色，一个 8 位位深度的图像包含 2 的 8 次方种颜色，一个 16 位位深度的图像包含 2 的 16 次方种颜色。显然，16 位位深度的图像所具有的色彩会更加丰富。我们所熟悉的具有 16 位位深度的图像有反转片和电影胶片。

设置 DNG 文件格式

01 在"文件设置"区域中的"图像格式"下拉列表中选择"DNG"选项。

02 "兼容"选项提供了与 Adobe Camera Raw 2.4 到 5.4 的几个不同版本的兼容，如果对以后再次打开和编辑此图片的版本未知，建议选择"Camera Raw 2.4"，以获取最大的兼容性。

03 在"JPEG 预览"选项中，"全尺寸"的预览比"中等尺寸"的预览文件更大，可以根据存储空间的大小做决定。如果选择"无"选项，导出时将不创建 JPEG 预览。

04 勾选"嵌入快速载入数据"复选框，可以提高图像在"修改照片"模块中的载入速度，但也会略微增大文件的大小。

05 勾选"使用有损压缩"复选框会显著减少文件大小，但可能会导致图像质量下降。这个选项只对 Camera Raw 6.6 及以上版本有效，建议不勾选此项。

06 勾选"嵌入原始 Raw 文件"复选框会将 Raw 文件的副本嵌入到 DNG 文件中，这样文件会比不嵌入时大将近 2/3，建议不勾选此项。

> **Tips**
> DNG（Digital Negative）是 Adobe 公司推出的一种数字底片格式，它具有更好的软件兼容性，解决了不同型号相机的原始数据文件之间缺乏开放式标准的问题。

6.1.5 手动操练：导出照片大小的调整

01 首先在"文件设置"区域中将导出文件的"图像格式"设置为"JPEG"、"PSD"或"TIFF"格式。这是因为"DNG"格式和"原始格式"是不能进行图像大小和分辨率调整的，所以只有将导出文件格式设置为 JPEG、PSD 或 TIFF 格式时，"调整图像大小"区域中的各个选项才可用。

02 勾选"调整大小以适合"复选框。

03 在"调整图像大小"区域中，设定导出照片的尺寸大小和分辨率。

6.1.6 手动操练：导出照片锐化值的设置

在导出照片时，可以对这些照片再次施加锐化效果。但是如果在修改照片时应用了锐化，此时要小心使用，以免照片因锐化过度而失真。同样，只有将导出文件格式设定为 JPEG、PSD 或 TIFF 格式时锐化选项才可用。

01 在"输出锐化"区域中，勾选"锐化对象"复选框。

02 选择针对"屏幕"、"亚光纸"或"高光纸"印刷而锐化。

03 可以根据照片的最终用途（纸面打印或屏幕显示）来选择"低"、"标准"或"高"3种不同的锐化量。屏幕显示选择"标准"锐化量即可，而纸面打印需要选择"高"锐化量才能使效果明显。

6.1.7 手动操练：管理导出照片的元数据

01 单击"包含"右侧的小三角，在弹出的菜单中有以下 4 种选择。

"仅版权"在导出的照片中包含 IPTC 版权元数据。"仅版权和联系信息"在导出的照片中只包含 IPTC 联系信息和版权元数据。"除相机和 Camera Raw 之外的所有信息"在导出的照片中包括除曝光度、焦距、光圈等 EXIF 相机元数据以外的所有元数据。"所有元数据"则包含所有元数据。有一点需要说明，如果导出 DNG 文件，前面的这些选项都不会出现。

02 勾选"删除位置信息"复选框将从导出照片中删除 GPS 定位数据。此选项在导出 DNG 文件时也是不可用的。

03 勾选"按照 Lightroom 层级写入关键字"复选框导出图片文件后，可在其他支持元数据的软件中按照 LR5 中写入的层级关系（也可称为"父/子关系"）显示这些元数据。

6.1.8 手动操练：版权水印的添加方法

水印类型的激活与选择

01 要激活"水印"的相关选项，勾选"水印"复选框即可。

02 选择"简单版权水印"，系统将把 IPTC 元数据的"版权"栏中输入的版权文字添加到每张照片的左上角。

03 选择"编辑水印"，系统将打开"水印编辑器"对话框，用于自定水印的编辑。

添加"文本"水印

01 在右侧的"水印样式"选项中，选择"文本"水印。

02 在图像预览区域下方的文本框中输入水印文字。

03 在窗口右侧的面板中设置水印文字的字体、样式、对齐、颜色、阴影以及水印效果。

添加"图形"水印

01 在"水印样式"选项中，选择"图形"水印，系统将会引导用户查找要用作水印的图像或图形（在 LR5 中，只有 PNG 和 JPEG 格式的图形可以用作水印，另外 PNG 格式支持透明背景，本例中选择的"签名"就是 PNG 格式的文件）。

02 选择添加"图形"水印后，"水印编辑器"中的"文本选项"不再可用，但可以设置"水印效果"中的各个选项。

预览并存储水印效果

01 如果选择了多张照片，想要预览每一张选定照片上的水印效果。可单击"左"或"右"箭头按钮查看。

02 若要将当前的版权水印存储为预设，单击"存储"按钮，在弹出的"新建预设"对话框中输入预设名称，单击"创建"按钮即可。

将来要用此预设时，只需从"导出"对话框的"水印"下拉菜单中选择此项预设即可。

也可在"水印编辑器"左上角的"自定"下拉菜单中选择此项预设。

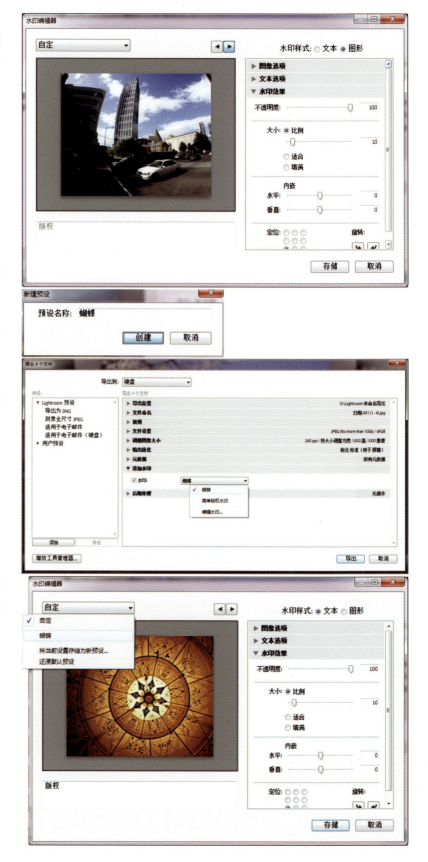

6.1.9 知识点：后期处理导出的照片

之前设置的都属于通用的导出选项，完成这些设置之后，我们开始为导出的照片选择后期处理操作，只有选择将照片导出到硬盘时才会出现这项设置（导出到 CD/DVD 时没有此项）。

①无操作：表示照片被导出不再执行任何其他的操作。

②在资源管理器中显示：表示在资源管理器窗口中将会显示导出的照片，可以很清楚地知道照片导出到了哪里。

③在 Adobe Photoshop CC 中打开：指定了具体的版本号。

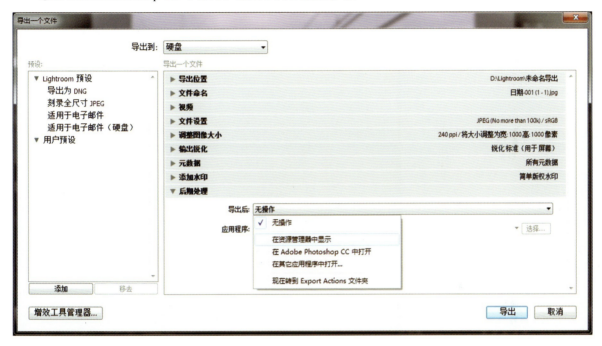

④在其他应用程序中打开：表示可以在"首选项"的"其他外部编辑器"中设定的应用程序中打开这些照片。值得注意的是，如果选择了此项，其下方的"选择"按钮将会被激活，可以单击这一按钮以选择应用程序。

⑤现在转到 Export Actions 文件夹：将会打开 LR5 的 Export Actions（导出操作）文件夹，可在其中保存任何可执行应用程序或可执行应用程序的快捷方式以及别名。例如：在 Export Actions 文件夹中存放了一个应用程序"HprSnap6"的快捷方式后，在"导出后"选项的下拉菜单中将会出现这个应用程序的名称。此外，我们也可以将 Photoshop Droplet 或脚本文件添加到 Export Actions 文件夹中。

6.1.10 手动操练：利用增效插件导出照片的方法

在 LR5 中，我们还可以利用其他软件生产商提供的增效工具（插件）添加特殊的导出功能，这些功能会因不同的增效工具而异。增效工具的添加及应用方法如下所示。

01 在"导出一个文件"对话框中，单击左下角的"增效工具管理器"按钮，将会弹出"Lightroom 增效工具管理器"对话框。

02 单击"Lightroom 增效工具管理器"对话框中的"添加"按钮，会弹出一个可供选择的文件夹。

03 在"浏览文件夹"中找到已下载的增效工具插件后单击"选择文件夹"按钮，就会把这个增效插件添加到"Lightroom 增效工具管理器"中，同时关闭"浏览文件夹"。

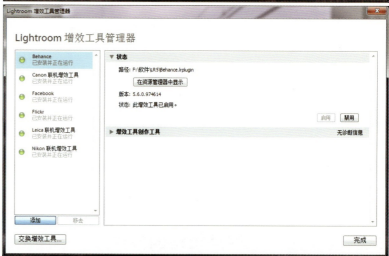

04 单击"完成"按钮，完成操作。

05 回到"导出一个文件"对话框，在"导出到"下拉菜单中选择刚刚安装的增效插件即可使用。

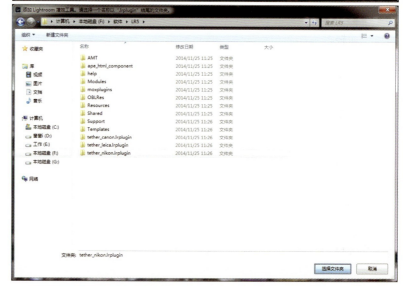

6.1.11 手动操练：使用上次设置导出照片

如果上次导出照片费了很大周折，效果又让人非常满意，还可以将上次使用的导出设置沿用到当前照片上，以导出相同效果的照片。

01 将需要导出的照片选中。

02 执行"文件＞使用上次设置导出"命令即可。

6.2 导出照片时使用预设的方法

如果每一次导出都要像之前学习的那样重复设置选项，无疑会让人感到厌烦，大家一定希望找到一种更加轻松快捷的方法来导出照片。其实，LR5 为大家预置了多种导出设置可供导出照片时选择使用，还可以将一些自己常用的导出参数存储为预设，在导出照片时，只需单击相应的预设名称就可以轻松完成任务了。

6.2.1 手动操练：使用系统预设导出照片

LR5 预置了 3 种常用的导出设置："刻录全尺寸 JPEG"、"导出为 DNG"和"适用于电子邮件"，可以帮助大家更加快捷、轻松地完成导出照片的任务。

01 在"预设"区域中展开"Lightroom 预设"。

02 选择"导出为 DNG"，系统会将导出的照片转化为 DNG 格式。此时，只有"导出位置"、"文件设置"、"文件命名"和"后期处理"选项可用。如果"导出位置"不做更改（默认情况下），照片将会自动导出到一个名为"DNG 文件"的子文件夹中。

03 选择"刻录全尺寸 JPEG",系统会将导出的照片存储为具有最高品质 JPEG 格式文件,默认分辨率为 240 像素/英寸。如果"导出位置"不做更改(默认情况下),照片将会自动导出到一个名为"Lightroom 刻录导出"的子文件夹中。

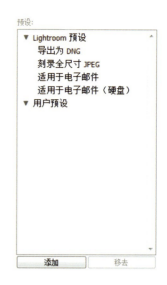

04 "适用于电子邮件"分为两种选项:一种是直接通过电子邮件发送,系统默认使用 Outlook 传送邮件,也可以通过设置电子邮件账户管理器来更改它;另一种是将照片导出为限制大小的 JPEG 格式文件(默认分辨率为 72 像素/英寸),然后再手动将其附加到邮件中,这种方法更适合于初学者。

6.2.2 手动操练:导出照片时使用自定预设

如果要创建个性化的导出预设,非常重要的一步是,要在"导出"对话框中做一些个性化的设置,下面我们就一起来学习怎样使用自定预设导出照片。

将个性化的导出设置保存为预设

01 执行"文件>导出"命令。

02 在弹出的"导出一个文件"对话框中,按照自己的需求,设置好"导出位置"、"文件命名"、"添加水印"等各项参数。

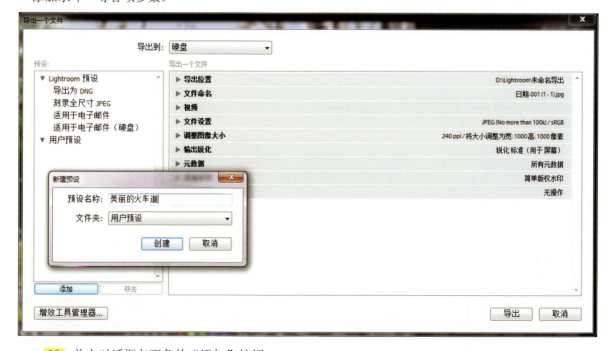

03 单击对话框左下角的"添加"按钮。

04 打开"新建预设"对话框,在"预设名称"文本框中输入名称,并在"文件夹"中选择"用户预设"。

05 单击"创建"按钮,完成预设的创建。

使用自定预设导出照片

创建预设的目的就是为了使用预设导出照片，现在就用刚才创建的预设来导出照片。

01 选中要导出的照片后，执行"文件>导出"命令，打开"导出一个文件"对话框。在"预设"区域中，单击"用户预设"左侧的小三角，展开"用户预设"下拉选项。

02 单击刚才创建的"美丽的火车道"。

03 单击"导出"按钮后，照片就会按此预设的参数设置被导出。

6.3 导出照片时使用"发布服务"

在 LR5 中，除了能将照片导出到硬盘、光盘以及外部编辑器外，还能通过"图库"模块中的"发布服务"直接将调整好的照片从 LR5 导出到 Behance、Facebook、Flickr 这些专业图片服务网站的个人相册中。通过对"硬盘"发布设置可以将照片导出到一些共享文件夹中。下面以设置 Behance 的发布为例介绍发布服务功能的用法。

Tips

Behance 是 2006 年创立的著名设计社区，创意设计人士可以展示自己的作品，发现别人分享的创意作品（上面有许多质量上乘的设计作品），相互还可以进行互动（评论、关注、站内短信等）。作为最著名的设计社区，Behance 堪称传奇，它集结了世界范围内大量的优质设计项目。

Tips

Facebook（Http：//www.facebook.com）是一个创办于美国的社交网络服务网站，也是美国排名第一的照片分享站点。但是在国内因为各种原因目前还无法连接到 Facebook 网站。

Tips

Flickr 为一家提供免费及付费数位照片存储、分享方案的线上服务网站，也提供网络社群平台。一般认为 Flickr 是 Web 2.0 应用方式的绝佳例子。除了有许多使用者在 Flickr 上分享他们的私人照片，该服务由于可以作为网志图片的存放空间，亦受到许多网志作者喜爱。Flickr 受到欢迎的原因是其创新的线上社群工具，能够将照片标上标签（Tag）并且以此方式浏览。

6.3.1　手动操练：发布链接的建立方式

01　展开"发布服务"面板，并单击 Behance 右侧的"设置"命令。

CHAPTER 6　关于照片的导出

02　在打开的"Lightroom 发布管理器"面板中，单击"Behance账户"选项内的"登录"按钮。

03　弹出"Behance"对话框。
04　如果你从未在 Behance 网站注册过，网站将会引导你先完成注册，完成后 Behance 网页上会显示相应的信息。

05　Behance 网站中的链接授权完成后，可关闭浏览器，在 LR5 的"确认"对话框中单击"完成"按钮。

06　现在，我们可以看到"Behance 账户"中已显示为登录状态了。

07　单击 LR5"发布管理器"对话框右下角的"存储"按钮，即可建立发布链接。

08　单击"存储"按钮后，在 LR5 面板右侧的"发布服务"栏中，"Behance"项会有对应的变化。

173

6.3.2 手动操练：上传照片时使用发布链接

01 在"图库"模块的"网格视图"或者"幻灯片窗口"中选择需要上传的照片并将其拖曳到"Behance"的"正在创作的作品"选项栏中。

02 我们也可以用鼠标右键单击"正在创作的作品"，在弹出的菜单中选择"添加选定照片"命令，将选定的照片添加至其中。

03 单击"正在创作的作品"选项栏后，系统进入待发布状态。

04 单击"发布"按钮，即可将照片发布到Behance网站的个人相册中。

05 要想快速查看已经发布到网络相册中的照片，可以用鼠标右键单击"正在创作的作品"选项栏，在弹出的菜单中选择"转到已发布的收藏夹"选项，系统会自动打开Behance网站中的个人相册页面，在此页面中可以看到已经上传的照片集。

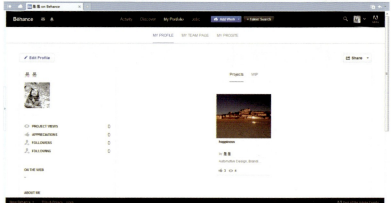

6.3.3 手动操练：发布链接和文件夹的管理

发布链接的管理

01 要显示或隐藏发布链接，可以单击"发布服务"面板右侧的"+"图标按钮，在弹出的菜单中选择"隐藏/显示"发布链接。对于已经建立网络链接的发布服务，不能对其进行显示或隐藏的操作。

02 如果要编辑或删除发布服务，可以在"发布服务"面板中用鼠标右键单击某个已建立链接的发布服务，在弹出的菜单中选择"编辑设置"、"重命名发布服务"等命令，对发布链接进行编辑，选择"删除发布服务"可以删除此发布链接。

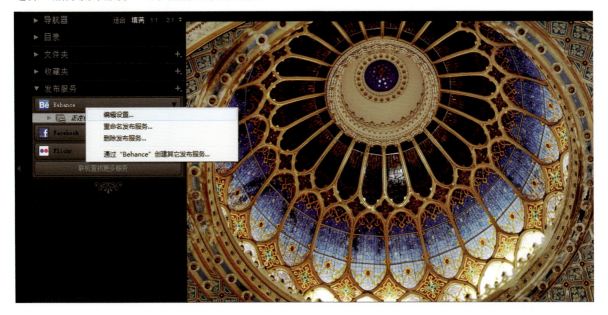

发布文件夹的管理

01 用鼠标右键单击某个已经发布的文件夹,在弹出的菜单中可以选择相关命令创建照片集、对发布文件夹进行重命名或将其删除等操作。

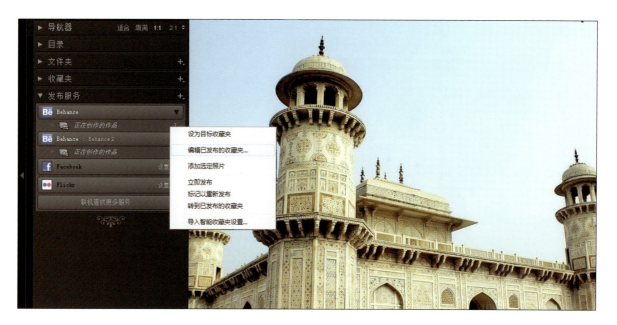

02 要查看某个发布文件夹中的照片,可以单击该发布文件夹后在右侧的照片显示区域中查看。系统会自动将发布文件夹中的照片按发布与否分类,要删除发布文件夹中的照片,可以选中该照片后按Delete键将其删除。

CHAPTER 7
幻灯片的神奇魅力

目　　的：通过学习 LR5 的幻灯片放映功能，发现更多有意思的事情，让 LR5 变得更加乐趣无穷。
功　　能：将照片导出为动态 PDF 文件、视频或者连续的 JPEG 文件。
讲解思路：基础方法→实际操作→效果展示
主要内容：幻灯片放映选项的设置方法

本章主要讲解如何利用"幻灯片放映"功能来给照片增添更多乐趣和魅力。幻灯片中既可以添加"器材"、"曝光度"等元数据文字，还能将制作好的幻灯片导出为动态播放的 PDF 文件、视频等。本章的学习，一定会让你对幻灯片的制作完全改观。

7.1 "幻灯片放映"的独特魅力

为了让摄影师可以更好地向大家展示自己的作品，Adobe公司在LR5中内置了一项特殊功能，可以将摄影作品制作成幻灯片，这项设置都分类排放在"幻灯片放映"模块中。

7.1.1 知识点："幻灯片放映"模块的面板和工具

在"幻灯片放映"模块中，要指定演示的幻灯片的照片和文本布局。

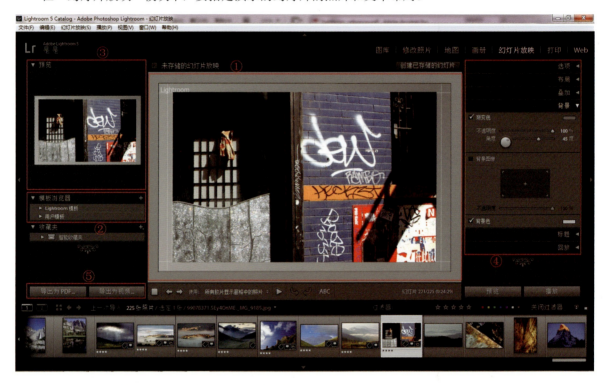

①"幻灯片编辑器"视图：用于显示和编辑幻灯片画面。

②模板浏览器：模板浏览器中存放了多种放映幻灯片的模板，单击"Exif元数据"等任一模板，就可以将其样式直接套用到新的幻灯片上。

③"预览"窗口："模板浏览器"中不同的模板样式在此窗口中都可以预览。

④用于设置布局和回放选项的面板：界面右侧的六种面板可以设置幻灯片的版面布局、背景颜色和播放时间等效果。

⑤幻灯片的导出按钮：幻灯片制作完成后，单击该按钮可以导出为动态PDF和视频文件。

> **Tips**
> 在"幻灯片编辑器"视图下方的工具栏中有一些幻灯片播放的控制按钮，将鼠标放到其上停顿一秒钟，即可显示该按钮的功用。

7.1.2 手动操练：幻灯片制作的基本流程

在制作幻灯片放映之前，首先要了解幻灯片制作的基本流程。下面按照先后顺序，介绍在LR5中制作幻灯片的基本流程。

从在图库中选择要制作成幻灯片的照片

01 单击界面顶部的"图库"选项进入"图库"模块。

02 在网格视图或胶片显示窗格中按住Ctrl键，选择用于幻灯放映的多张照片。

为选中的照片创建收藏夹

01 用鼠标单击"收藏夹"右侧的加号图标（+），然后在弹出的菜单中选择"创建收藏夹"命令。

02 在弹出的"创建收藏夹"对话框的"名称"文本框中输入名称。

03 勾选"包括选定的照片"复选框。

04 单击"创建"按钮,完成收藏夹的创建。

> Tips
>
> 还可以在"幻灯片放映"模块的胶片显示窗格中选择用于幻灯片放映的照片。通过选择工具栏上的"使用:所有胶片显示窗格中的照片"、"使用:选定用的照片"、"使用:留用的照片"三个选项。

幻灯片的放映顺序

01 创建完收藏夹后,单击"幻灯片放映"标签转到"幻灯片放映"模块。

02 在"收藏夹"面板中,选择刚才创建的"岁月无痕"收藏夹。

03 在胶片显示窗格中按照想要的顺序拖放排列照片。此时如果无法移动照片顺序,按下 Ctrl+D 组合键取消全选即可。

幻灯片放映模板的选择

01 单击"幻灯片放映"模块左侧面板下方的"模板浏览器"前的小三角，可以展开"模板浏览器"面板。

02 在展开的"模板浏览器"面板中，单击"用户模板"前的小三角，在展开选项中单击"蒸薯坊"模板，将其作为幻灯片放映模板。

> **Tips**
> 在"模板浏览器"面板中，将指针分别移至不同的模板名称上，同时观察上方的"预览"窗口，可以看到不同模板各自的预览效果。

幻灯片的个性化设置方法

可以利用界面右侧面板中的布局、叠加、背景等6项面板，调整幻灯片的播放效果。因为这个环节需要掌握的知识较多，不在流程简介中做细致介绍，后面将用单独的一节来详细讲解。

幻灯片的预览或播放

01 单击右侧面板中的"预览"按钮,"幻灯片编辑窗口"中将会显示幻灯片放映的效果。

02 单击"播放"按钮,显示器上将会以全屏演示的方式播放幻灯片。

7.2 打造更具个性的幻灯片

制作幻灯片的基本流程我们已经有了一些了解，通过前面的学习，我们还掌握了一些基本的操作方法。本节我们将重点讲解如何通过个性化设置使幻灯片更具个性魅力。

7.2.1 手动操练：幻灯片版面的调整

为了更好地展示作品的特殊效果，我们才学习使用幻灯片，而美化幻灯片的第一步就是设计好幻灯片的布局（版面），这一步的学习是非常重要的。

选择幻灯片模板并展开"布局"面板

01 选择"幻灯片放映"模块的"模板浏览器"中的任一幻灯片放映模板。

02 单击"布局"右侧的小三角，展开"布局"面板。

幻灯片布局滑块的调整

01 勾选"显示参考线"复选框，以显示边距参考线。

02 单击"链接全部"前的小方框（小方框变为白色），拖曳任一边距滑块可同时调整所有边距并保持其相对比例不变。

03 再次单击"链接全部"前的小方框（小方框变为灰色），可单独调整某一边距，改变画面布局。

7.2.2 手动操练：给照片添加边框

幻灯片的版面布局调整好之后，还可以为照片添加一个漂亮的边框，边框的宽度和颜色都可以自己设定。

边框颜色的选择

01 展开"选项"面板，并勾选"绘制边框"复选框。

02 单击"绘制边框"右侧的颜色框，打开"绘制边框拾色器"。

03 在拾色区域，鼠标会变为吸管形状，在拾色区域中选择边框的颜色。

04 完成后单击左上角的小叉形图标，可以关闭"绘制边框拾色器"窗口。

边框宽度的调整

01 在"选项"面板中勾选"绘制边框"复选框。

02 拖曳"宽度"滑块以调整边框的宽度,还可以在其右侧文本框中直接输入调整的数值。

7.2.3 手动操练:给幻灯片设置背景并添加投影

选择合适的背景颜色或背景图案来衬托照片并不是本书所讲解的内容范围。但是,幻灯片的背景颜色对于照片的展示效果往往有着非常重要的影响,因此,学会设置背景的颜色并熟练掌握这项功能是很有必要的。

> **Tips**
> 如果在色彩搭配方面没有太多经验,那么要尽量选择和照片主色调一致的"背景颜色",这样可以保证幻灯片画面协调。另外,黑色、白色和灰色都是常用的背景色。需要强调的是:背景是为了衬托凸显照片的,颜色一定不能太鲜艳、抢眼。

幻灯片背景颜色的调整

01 单击"背景"右侧的小三角展开"背景"面板。

02 勾选"背景色"复选框。

03 单击"背景色"右侧的颜色框,将打开"背景色拾色器"。

04 在打开的"背景色拾色器"中，用已经变为吸管的光标选择颜色。

05 完成颜色的选择后，单击小叉图标关闭"背景色拾色器"。

将图像设置为幻灯片背景

01 如果要将幻灯片的背景颜色设置为淡淡的图像背景，可以先勾选"背景"面板中的"背景图像"复选框。

02 然后将要用作背景的图像从"胶片显示窗口"中直接拖曳到图像框中（图像框中有文字提示，很直观）。

03 利用"不透明"滑块可以控制背景的不透明度。

给照片添加投影

01 单击"选项"右侧的小三角展开"选项"面板。

02 勾选"投影"复选框。

03 将"不透明度"设置为"89%";"位移"设置为"80像素";"半径"设置为"70像素";"角度"设置为"-31度"。

> **Tips**
> 阴影的亮度或暗度由不透明度来设置;位移设置阴影到图像的距离;半径设置阴影边缘的硬度或软度;角度设置阴影的方向;转动旋钮或移动滑块可调整阴影的角度。

7.2.4 手动操练:幻灯片的"身份标识"

对幻灯片的知识有一定的了解之后,我们就开始进入文字的编辑学习阶段。首先要学习的内容是修改、编辑幻灯片的"身份标识"文字。学会"身份标识"文字的编辑方法后,再学习其他文字的编辑方法,就更加轻而易举了。

> **Tips**
> 学习这一节的时候,可能会有个疑惑,什么是"身份标识"文字呢?最直观明了的解释就是:"身份标识"文字即版权文字,可以将其改为幻灯片的标题文字。

打开"身份标识编辑器"

01 单击"叠加"右边的小三角,展开"叠加"面板。

02 在"叠加"面板中,勾选"身份标识"复选框。

03 单击以选择要修改的"身份标识"文字。

04 单击"身份标识"下方的文本框,在弹出的菜单中选择"编辑"命令,以打开"身份标识编辑器"。

在"身份标识编辑器"中编辑文字

01 在弹出的"身份标识编辑器"对话框中输入文字"2018.12.1",并为其选择合适的字体。

02 单击对话框右侧的颜色框,打开"颜色"选择窗口。

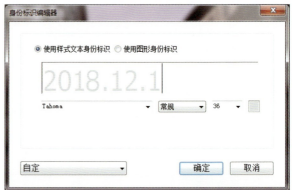

03 为"身份标识"文字选择颜色。

04 单击"确定"按钮,关闭"颜色"选择窗口。

05 在"身份标识编辑器"对话框中,单击"确定"按钮完成编辑。

改变文字的大小和位置

01 将"身份标识"编辑区的"不透明度"设置为"29%";文字大小"比例"设置为"22%"。

02 将鼠标光标移动到"2018.12.1"文字上单击,并按住鼠标左键拖曳文字到合适的位置。

7.2.5 手动操练:添加其他文字到幻灯片中

01 单击"幻灯编辑窗口"下方工具栏上的"ABC"按钮。

02 在被激活的"自定文本"文本框中输入要添加的文字,完成后按 Enter 键,文字便被添加到幻灯片中。

03 勾选"叠加文本"复选框,激活其下选项,根据需要设置"不透明度"、"字体"等。

04 要调整文字的大小,可以先单击要修改的文字,然后将鼠标指针放到编辑框的一个角点上,沿对角线拖曳即可改变文字大小。

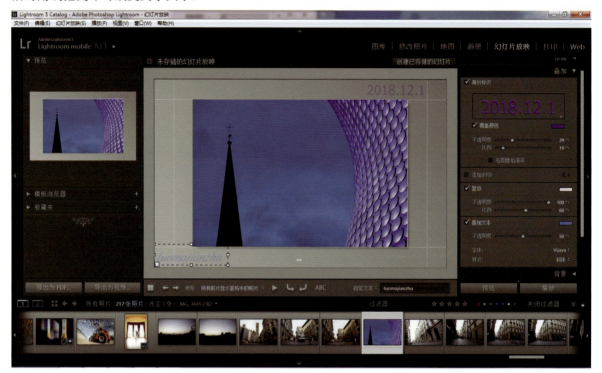

05 在文字上单击并按住鼠标拖动可以移动文字的摆放位置。LR5 设计了一种"吸附定位"功能,移动文字时它可以自动寻找画面的角点和中点,方便使用者准确定位文字。

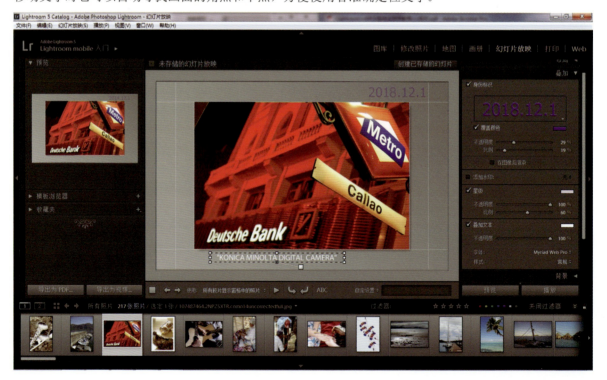

06 单击"自定文本"右侧的"双三角"按钮,在弹出的菜单中选择"序列"、"日期"或"题注"等选项,可以在幻灯片中添加各种相关的文字内容。例如选择"曝光度"后,LR5将根据照片提供的元数据将其曝光数据添加到幻灯片中。

> **Tips**
>
> 在运用"吸附定位"功能时,如果吸附点设置在幻灯片外框上,那么文本将始终和幻灯片外框的距离保持一致,而不会与图像边缘的距离一致。
>
>
>
> 如果吸附点设置在图像边缘,那么文本将始终和图像边缘的距离保持一致,而不会与幻灯片外框的距离一致。二者在预览时没有区别,但在幻灯片播放时区别明显,读者可以自己试试。

7.2.6 手动操练：将版面设计保存为模板

对于当前设置好的幻灯片版面布局设计，如果你很满意，可以将其保存在用户模板中，方便以后随时套用，操作方法如下。

01 单击"模板浏览器"右侧的"+"号图标。

02 在弹出的"新建模板"对话框中输入模板的名称并选择存放在"用户模板"文件夹中。

03 最后单击"创建"按钮，完成模板保存。下次套用时只需展开"用户模板"单击模板名称即可。

7.2.7 手动操练：幻灯片换片和持续时间的设置

在 LR5 中，可以自由调整幻灯片的换片和持续时间，这种个性化的设置充分体现了该软件的灵活性和实用性。

幻灯片换片和持续时间的设置

01 单击"回放"右侧的小三角展开"回放"面板。

02 取消勾选"手动放映幻灯片"复选框。

03 将"幻灯片"的持续时间设为"4.0秒"，"渐隐"（也就是换片时，照片之间的过渡）时间设为"2.5秒"。

7.2.8 手动操练：添加幻灯片的片头和片尾

现在，我们给幻灯片添加一个片头标题和片尾说明，让幻灯片的结构更完整。

片头背景颜色的设置

01 单击"标题"面板右侧的小三角，展开"标题"面板，勾选"介绍屏幕"复选框。

02 单击"介绍屏幕"右侧的条形色板。

03 在弹出的拾色器中为介绍屏幕选定一种颜色。

给片头添加文字并编辑

01 勾选"添加身份标识"复选框。

02 单击"身份标识"区域中的文本框，在弹出的下拉菜单中选择"编辑"命令。

03 在弹出的"身份标识编辑器"对话框中输入文字"秋游罗马作品"，并选择合适的字体和字号。

04 单击对话框右侧的颜色框，打开"颜色"选择窗口。

05 勾选"覆盖颜色"复选框后，单击其右侧的色框，选择白色为文字颜色。

06 将文字大小比例设为"10%"。

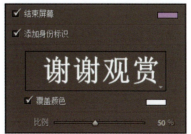

给片尾添加文字

勾选"结束屏幕"复选框后，按照前面讲解的添加片头文字的方法添加片尾文字。

7.2.9 手动操练：在幻灯片中添加背景音乐

给幻灯片加上一曲优美动听的旋律吧！一边欣赏风景如画的摄影作品，一边聆听悦耳的曲子，是一件多么美妙的事情！

01 展开"回放"面板，并勾选"音频"复选框。

02 单击"选择音乐"按钮。

03 在打开的"选择要播放的音乐文件"对话框中，找到要添加的背景音乐。

04 单击"打开"按钮，完成选定音乐的导入。

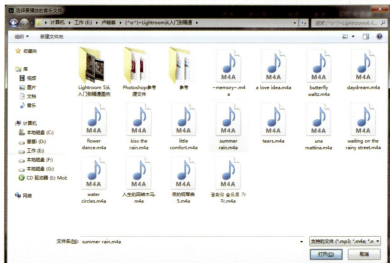

05 背景音乐导入后，"音频"下方将出现歌曲的名称和播放时间，如果想让幻灯片放映的持续时间和歌曲的播放时间长短一致，可以单击"按音乐调整"按钮。

设置完成后，当再次播放幻灯片时就可以听到刚刚加入的悦耳动听的音乐了。

7.3 通用格式文件如何导出

在 LR5 中，幻灯片可以被导出为一系列不同的通用格式文件，如 JPEG 格式、动态的 PDF 格式和 MP4 格式的视频文件，这项特殊的功能轻而易举地解决了跨平台、跨软件不能播放原格式幻灯片的问题，使得摄影师可以更加方便地将自己的作品展示给大家。

7.3.1 手动操练：在收藏夹中存储幻灯片

在 LR5 中，当前幻灯片可以被存储到收藏夹中。这样不只是存储设计模板，还包括幻灯片中的所有元素（包括其中的图片）。

01 单击幻灯片编辑窗口右上角的"创建已存储的幻灯片"按钮。

02 在打开的"创建幻灯片放映"对话框中，为存储的幻灯片命名并选择存储位置。建议大家勾选"内部"复选框，这样在收藏夹中的层级会很明晰，便于管理。

存储完成后展开"收藏夹"面板，在指定的存储位置可以看到刚才的幻灯片，在它的前面会有一个特殊的徽标，这表示它是一个存储的幻灯片文件。以后无论何时，只要双击收藏夹中的这个幻灯片文件，就可以立即转到"幻灯片放映"模块，并展示出此幻灯片放映。

7.3.2 手动操练：将幻灯片导出为 PDF 文件

LR5 最具特色的功能之一，就是将幻灯片转换为动态的 PDF 格式。在软件中，只需要几步简单的操作，就可以将幻灯片转换为动态的 PDF 格式。

> **Tips**
>
> PDF 全称 Portable Document Format，译为"便携文档格式"，是一种电子文件格式。这种文件格式与操作系统平台无关，也就是说，PDF 文件不管是在 Windows、Unix 还是在苹果公司的 Mac OS 操作系统中都是通用的。PDF 文件格式可以将文字、字型、格式、颜色及独立于设备和分辨率的图形图像等封装在一个文件中。该格式文件还可以包含超文本链接、声音和动态影像等电子信息，支持特长文件，集成度和安全可靠性都较高。

01 完成幻灯片的制作后，在"幻灯片放映"模板中，单击"预览"面板下方的"导出为 PDF"按钮。

02 在弹出的"将幻灯片放映导出为 PDF 格式"对话框中将"品质"设置为"90"，"通用尺寸"设置为"屏幕"，并勾选"自动显示全屏模式"复选框。

03 在"文件名"中为导出的幻灯片命名。

> **Tips**
>
> 当导出幻灯片时，Lightroom 图标右侧会出现导出进度条，如果同时有多个进度条并列，表示正在同时执行多个导出任务，如果要放弃导出，单击进度条右侧的小叉图标，导出任务将结束。

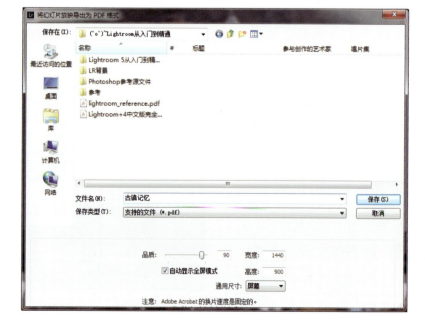

7.3.3 手动操练：将幻灯片导出为 MP4 视频文件

利用 LR5 中的视频导出功能，可以将制作好的幻灯片导出为 MP4 格式的视频文件（导出为视频文件很好地解决了 PDF 幻灯片无法播放背景音乐的问题），并可以在任何支持 MP4 格式的设备上观看。

01 在"幻灯片放映"模板中，单击"预览"面板下方的"导出为视频"按钮。

02 在弹出的"将幻灯片放映导出为视频"对话框中，输入文件名。

03 在"视频预设"项中选择导出视频的预设尺寸。

04 在"保存在"下拉列表中选择视频的保存位置。

05 单击"保存"按钮，系统便自动开始转换导出。

7.3.4 手动操练：将幻灯片导出为 JPEG 文件

幻灯片除了可以导出为 PDF 格式和 MP4 视频格式之外，在 LR5 中，还可以将幻灯片导出为一系列的静态 JPEG 格式图片，使得打印和传输幻灯片更加方便。

01 在菜单栏中执行"幻灯片放映＞导出为 JPEG 幻灯片放映"命令。

02 在"将幻灯片放映导出为 JPEG 格式"对话框中将"品质"设置为"100","通用尺寸"设置为"屏幕"。

03 在"文件名"文本框中为导出的幻灯片取一个名称。

04 在"保存在"下拉列表中选择幻灯片的保存位置。

05 单击"保存"按钮后,系统便开始将幻灯片转换导出了。

CHAPTER 8
打印知识我知道

目　　的：通过学习LR5的打印技术，发现更多有意思的事情，让LR5可以轻松地打印出具有专业水准的漂亮照片。
功　　能：将自己非常满意的作品打印成美美的照片。
讲解思路：基础方法→实际操作→效果展示
主要内容：打印摄影作品的设置方法

本章主要讲解如何利用"打印"功能将非常满意的作品打印出来。LR5集成了多种专业且易用的打印设置。通过本章的学习，既可以掌握打印版面、打印锐化、设置打印图像分辨率，又能多了解一些打印色彩的相关知识。

8.1 "打印"模块简介

LR5 不仅为使用者预置了近 30 种用于打印的页面布局模板，还在其界面右侧的面板中提供了多种用于调整版面打印输出和色彩管理的专业设置，因此被称为智能"打印"模块。这些操作都非常直观和简单，下面我们就一起学习智能的"打印"模块吧！

8.1.1 知识点："打印"模块界面展示

在"打印"模块中，可以指定在打印机上打印照片和照片小样时使用的页面布局和打印选项。

①预览窗口：显示模板的布局。在"模板浏览器"中的模板名称上移动光标时，"预览"面板中将显示该模板的页面布局。

②模板浏览器：选择或预览用于打印照片的布局。模板按文件夹进行组织，这些文件夹包括 Lightroom 预设和用户定义的模板。

③收藏夹：显示目录中的收藏夹。

④打印页面编辑窗口：用于打印页面的显示和编辑。

⑤打印设置面板：界面右侧区域的各种面板可以设置打印的版面布局、打印分辨率，以及打印的色彩管理等。

⑥"打印"按钮：单击此按钮可以打印输出照片。

⑦"页面设置"按钮：单击此按钮可以设置页面的打印属性（根据不同的打印机会有所区别）。

8.1.2 手动操练：可以实现快速打印的预设模板

无须了解过多的选项设置，就可以利用预设模板进行快速打印，所以只需要几分钟，就能轻松掌握。下面就按照操作流程介绍这一功能。

打印照片的选择

01 单击界面顶部的"图库"选项进入"图库"模块。

02 在"图库"模块的"网格视图"中选择要打印的照片（按住 Ctrl 键，可以选择多张照片）。

03 选择了要打印的照片后，单击"打印"标签转到"打印"模块。

为打印页面选择布局模板

01 在"打印"模块中，单击"模板浏览器"左侧的小三角，展开"模板浏览器"面板，其中预置了多种用于打印的页面布局模式。

02 选择"自定重叠 ×3 横向"页面布局模式。

03 勾选"图像设置"中的"旋转以适合"复选框,这样可以最大限度地利用纸张。

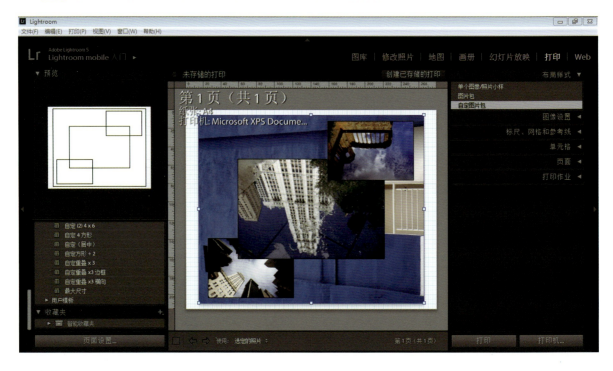

04 单击"打印"按钮,打开"打印"对话框。

05 在"打印"对话框中确定好要使用的打印机、打印范围和份数后单击"确定"按钮,即可按照设定的页面布局进行打印输出了。

8.2 打印的版面布局调整

快速打印照片的方法在上一节已经学过了,这种方法主要是利用软件预设的打印页面的布局模板来进行的,这些预设模板基本上满足了常规的打印要求。然而,如果有的打印项目有特殊要求,我们将怎样自定义版面的布局呢?赶快一起来学习吧!

8.2.1 知识点：两个面板调控版面布局

在LR5的"打印"模块中，版面的布局主要通过两个面板来调整，它们分别是"图像设置"面板和"布局"面板。

"图像设置"面板

01 在"胶片显示窗口"中选择几张横、竖幅不同的照片。

02 在"模板浏览器"选项栏中选择"2×2 四方格"打印布局模板。

03 展开"图像设置"面板，在其中勾选"缩放以填充"复选框后，照片被放大至充满每个单元格，但是有部分图像被剪裁掉。

04 勾选"旋转以适合"复选框后,照片旋转 90°,生成了适合每个单元格的最大图像。

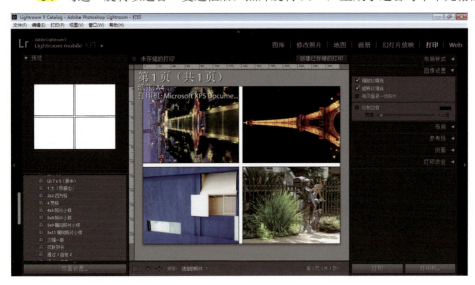

05 勾选"每页重复一张照片"复选框后,版面将按照"旋转以适合"的方式布局,但是页面上的每个单元格中都是同一张照片。

06 勾选"绘制边框"复选框后,单击其右侧的色块,在打开的"绘制边框拾色器"中选择颜色,拖曳"宽度"滑块,可以调整边框的宽度。

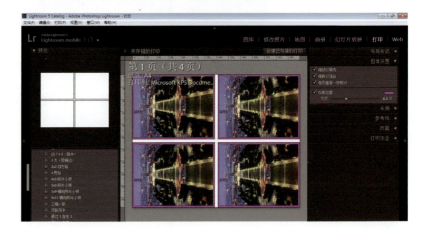

"布局"面板

为了更清楚地观看布局调整的效果,我们可以先取消勾选"绘制边框"复选框。

01 展开"布局"面板,在其"边距"区域中分别向右拖曳"左"、"右"、"上"和"下"边距滑块,将"左"、"右"页边距设为"20.5mm","上"、"下"页边距设为"25mm"。

观察打印版面调整前后的变化。

02 在"页面网格"区域中,向右拖曳"行数"和"列数"滑块,将它们都设为"3"时观察打印版面的变化。

03 在"单元格间隔"区域中,向右拖曳"垂直"滑块到"15mm","水平"滑块到"25mm",照片之间的间隔变大了,但同时,照片被裁剪掉了一部分。

Lightroom 完全自学一本通

> **Tips**
> 在调整"单元格大小"区域中"宽度"或"高度"滑块时,"单元格间隔"中的"垂直"和"水平"两个滑块也会跟着自动滑动。因为在同一张打印纸上,单元格变大,边框就必须缩小,否则纸面会容纳不下。

8.2.2 手动操练:辅助设计面板

01 在"打印"模块的右侧面板中,辅助设计面板有时显示为"参考线"面板,有时又会显示为"标尺、网格和参考线"面板,这是软件根据不同类型的打印页面所安排的。如果在"布局样式"面板中选择了"单个图像/照片小样"类型的打印页面布局,打印页面辅助设计面板就会显示为"参考线"面板;如果选择了"图片包"或者"自定图片包"类型,那么打印页面辅助设计面板就会显示为"标尺、网格和参考线"面板。

02 展开"参考线"面板，勾选"显示参考线"复选框，可以选择是否显示标尺、页面出血、边距与装订线、图像单元格以及尺寸。

03 在"布局样式"中单击"图片包"，原"参考线"面板变为"标尺、网格和参考线"，勾选"显示参考线"复选框，可以选择是否显示标尺、页面出血、页面网格、图像单元格和尺寸，还可以指定标尺的测量单位、网格对齐的方式（网格对齐是一种自动吸附对齐功能，勾选它能使照片单元格与附近的单元格或网格线自动对齐），以及指定是否在出血布局中显示图像尺寸。

8.2.3 手动操练：给打印版面中添加照片

在"布局样式"面板中，可以在其打印版面中增加或删除照片的，只有"图片包"或"自定图片包"布局样式。

01 我们可以通过参看"布局样式"面板中的高亮显示选项来判断，如果当前的布局样式属于"图片包"或"自定图片包"类型，那么在"单元格"面板中就会出现"添加到包"选项。在"模板浏览器"中，选择"（1）4×6，（6）2×3"布局模板，这是一个可以添加照片的模板。

02 单击"单元格"右侧的小三角，展开"单元格"面板。在"添加到包"区域中单击"55×91"按钮，系统会向当前的版面中添加一张尺寸为91mm×55mm的照片，如果当前版本中没有足够的空间容纳这一尺寸的照片，系统将自动建立一个新页面摆放它。

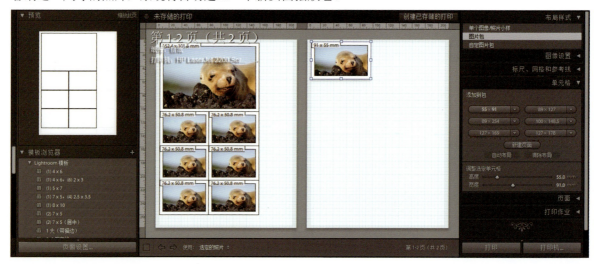

> **Tips**
> 如果选择了"自定图片包"这种布局样式,版面中将显示一些空的单元格,可以直接将胶片显示窗格中的照片拖到空白单元格中以此方式在版面中添加照片。当然,选择"图片包"布局样式后,也可以这样操作。
>
>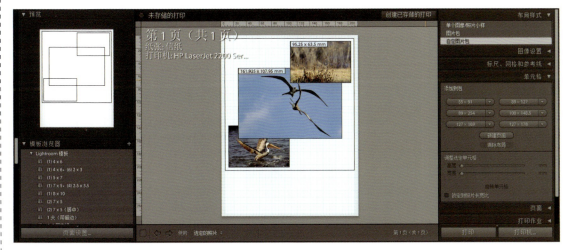

03 将新建页面中的图片用鼠标拖到当前版面中,此时如果页面右上角出现"感叹号"图标,表示当前页面中有照片重叠了。将照片移动到页面中的空白位置,"感叹号"图标就会消失。

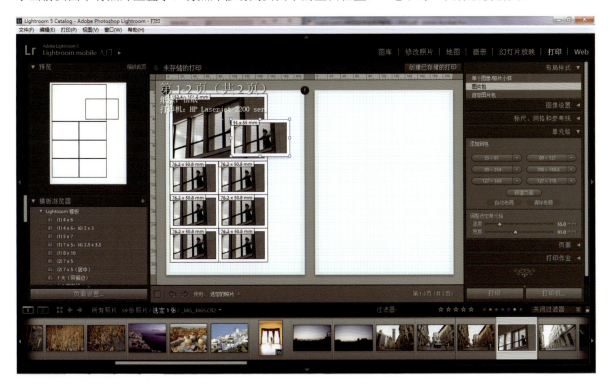

> **Tips**
>
> 单击"预览"窗口右上角的"缩放此页"按钮,打印页面将被放大,可以用鼠标推动以查看不同的页面。如果想删除打印页面,单击页面左上角的"圆形小叉"图标即可。

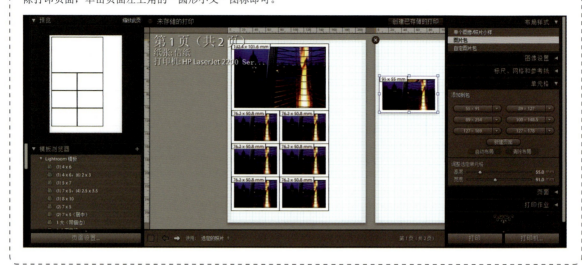

8.2.4 手动操练:调整照片尺寸并旋转

01 用鼠标右键单击照片单元格,在弹出的菜单中选择"旋转单元格"命令以旋转照片。

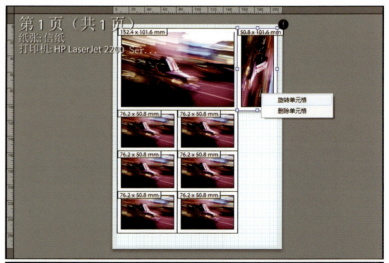

02 将鼠标放到单元格边框的任一控制点上按住左键并拖曳,可改变照片的大小。

03 此外,也可以在"调整选定单元格"面板中调整单元格的高度和宽度,以改变照片的大小。

> **Tips**
> 按照下面的步骤操作，可以让页面中某张照片的尺寸和另一张照片的尺寸一样。
> ①单击页面中的某张照片，然后在"调整选定单元格"区域中查看它的"高度"和"宽度"数值。
>
>
>
> ②单击选中另一张照片，在"调整选定单元格"区域中以相同的数值设置照片的"高度"和"宽度"即可。
>
>

8.2.5 手动操练：在打印版面中删除照片

01 在当前打印版面中，单击以选中要删除的照片单元格，然后按下 Delete 键，即可删除所选照片。

02 在照片单元格上单击鼠标右键，然后在弹出的菜单中选择"删除单元格"命令，即可将此照片删除。

03 要删除打印版面中所有的照片，只需单击"清除布局"按钮即可。

8.3 给需要打印的照片添加文字

在 LR5 中，除了可以在打印版面中添加"身份标识"文字、页面信息和元数据文字之外，还可以添加自定义内容的文字到打印版面中。这些文字既可以作为照片的旁注信息，又能够让打印版面具有图文搭配的设计效果。

8.3.1 手动操练：在打印版面中添加"身份标识"

01 在"模板浏览器"中，选择"4 宽格"布局模板（选择其他布局模板也可以）。
02 在右侧面板中单击"页面"右侧的小三角，展开"页面"面板。
03 勾选"身份标识"复选框。

04 单击"身份标识"下方的文本框，在弹出的菜单中选择"编辑"命令。

05 在打开的"身份标识编辑器"中输入文字，选择合适的字体、颜色后，单击"确定"按钮。

> **Tips**
>
> 单击"身份标识"右侧的角度文字,即可在弹出的菜单中选择相应的旋转角度来旋转文字。

06 将添加的"身份标识"文字拖放到打印页面中合适的位置,并利用"比例"滑块设置文字大小,利用"不透明度"滑块调整文字的不透明度。

8.3.2 手动操练:页面信息和元数据文字的添加方法

01 勾选"页面选项"复选框,以激活"页面选项"中的各项。

02 勾选"页面选项"下的"页面信息"和"裁剪标记"复选框。

03 在打印版面的底部出现了一排小字,显示出相关的打印信息。如果没有设置"打印作业"相关选项,将没有任何信息文字显示。

04 勾选"照片信息"复选框，然后单击其右侧的"器材"，在弹出的菜单中选择相关项。

05 观察画面，照相机和镜头的相关信息都显示出来了。

8.4 打印设置

打印设置是打印模块中最重要的一个环节，其中讲解的知识点直接影响照片打印输出的品质。所以，一定更加用心地认真学习本节的内容，特别是"色彩管理"的相关知识。在LR5中，有两种打印作业模式，直接连接打印机打印和输出为JPEG文件打印，二者的设置有很多是相同的。但是对于摄影来说，学习直接连接打印机打印更加实用有效，因此本节主要讲解直连打印。

> **Tips**
>
> "打印作业"面板中提供了两种打印方式："打印到：打印机"和"打印到：JPEG文件"。前者可以将LR5中已经设计好的打印版面输出为JPEG文件，以便于传送到专业的打印服务商处输出。后者可以分别设置文件分辨率、打印锐化和JPEG压缩品质。此外，还可以调整打印版面的尺寸（在改变打印页面的宽度或高度时，页面中照片的相对比例会发生变化，但是照片实际的尺寸没有改变），指定RGB ICC配置文件和色彩渲染方法。

8.4.1 手动操练：打印分辨率和打印锐化的设置

01 单击"打印作业"右侧的三角按钮，展开"打印作业"面板（所有打印输出的设置都在该面板中进行），并选择"打印到：打印机"。

02 勾选"打印分辨率"复选框，默认情况下打印分辨率为"240ppi"，这一分辨率可以满足大部分打印作品（包括高端喷墨打印）的要求，在这里不做更改。

03 勾选"打印锐化"复选框，在其右侧弹出的菜单中选择"低"选项。除"低"选项外还有"标准"和"高"两个选项。

04 设置"纸张类型"为"高光纸"。

8.4.2 知识点：打印面板中色彩管理的设置

可以指定 Lightroom 5 或打印机驱动程序在打印期间是否设置色彩管理。如果要使用为特定打印机和纸张组合创建的自定打印机颜色配置文件，Lightroom 5 将自定义色彩管理。否则，将由打印机进行管理。如果启用"草稿模式打印"，则打印机自动处理色彩管理。

> **Tips**
>
> 自定打印机颜色配置文件通常使用生成配置文件的特殊设备和软件创建。如果计算机上未安装打印机颜色配置文件，或者如果 Lightroom 5 无法找到这些文件，则"由打印机管理"和"其他"是"打印作业"面板"配置文件"区域中仅有的可用选项。

在"打印作业"面板的"色彩管理"区域中，从"配置文件"弹出菜单中选择以下选项之一：

①在将图像发送到打印机之前，如果要使用打印机颜色配置文件转换图像，可选择菜单中所列的特定 RGB 配置文件。

> **Tips**
>
> 通常，如果"配置文件"弹出菜单中未列出配置文件，或者未列出需要的配置文件，就需要选择该选项。Lightroom 5 将尝试在计算机上查找自定打印配置文件。如果找不到任何配置文件，将选择"由打印机管理"，并允许打印机驱动程序处理打印颜色管理。

②在不使用配置文件转换图像的情况下，如果要将图像数据发送到打印机驱动程序，可选择"由打印机管理"。

③要选择在"配置文件"弹出菜单中显示的打印机配置文件，可选择"其他"，然后在"选择配置文件"对话框中选择颜色配置文件。

> **Tips**
> 打印机的色彩空间通常小于图像的色彩空间，常常导致颜色无法重现。所选的渲染方法将尝试补偿这些溢色颜色。

如果指定配置文件，可选择一种渲染方法，以指定颜色从图像色彩空间转换为打印机色彩空间的方式：

①可感知渲染将尝试保持颜色之间的视觉关系。溢色颜色转换为可重现颜色时，色域内的颜色可能会发生改变。当图像中带有许多溢色颜色时，可感知渲染是好的选择。

②相对渲染将保留所有色域内颜色并将溢色颜色转换为最接近的可重现颜色。"相对"选项将保留更多的原始颜色，当拥有较少的溢色颜色时，此选项是好的选择。

③（可选）要在打印时获得更接近 Lightroom 5 中屏幕颜色明亮而饱和的外观的颜色，可选择"打印调整"，然后拖动"亮度"和"对比度"滑块。

> **Tips**
> 拖动"亮度"和"对比度"滑块时，将产生色调曲线调整。这些调整不在屏幕上预览。确定最适合单张照片和特定打印机的设置时，可能需要进行一些实验。

8.4.3 手动操练：当前打印页面的存储

01 当各项打印参数都已经设置完成，准备打印的时候，却突然发现打印机没有墨了怎么办！这时就可以单击打印页面编辑窗口右上边的"创建已存储的打印"按钮，将当前的打印页面（包括已做好的所有设置）存储到收藏夹中。

02 在打开的"创建打印"对话框中，为此打印页面命名，并选择存储的位置。建议大家选择内部，这样收藏夹中的层级会很明晰，便于管理。

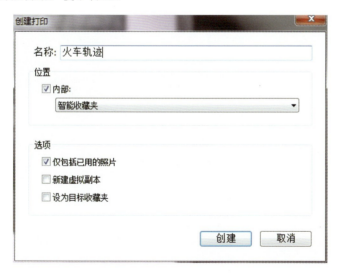

03 现在，展开左侧面板中的"收藏夹"面板，我们会在"智能收藏夹"中找到"火车轨迹"打印页面，在它的前面会有一个特殊的徽标表示这是一个存储的打印文件。以后（即便是重启 LR 后）需要打印时，可以随时在"收藏夹"面板中单击此文件，然后按"打印"按钮，执行打印输出即可。

CHAPTER 9
Web 画廊知多少

目　　的：通过学习 LR5 的 Web 模块，可以指定网站的布局，建立属于自己的网络画廊，可以存储在计算机中，或者直接上传到网络上。
功　　能：将自己非常满意的作品创建成网络画廊。
讲解思路：基础方法→实际操作→效果展示
主要内容：创建网络画廊的方法

本章主要内容包括，如何创建自己的 Web 画廊，深层次地设置画廊的布局、改变画廊的颜色、更新画廊内容，以及如何处理画廊的上传或导出等。

9.1 几分钟创建出自己的 Web 画廊

在 LR5 中，即使没有任何网页设计基础一样可以创建出属于自己的网页画廊，这个过程只需几分钟就能轻松搞定，是不是想想就让人很激动呢？这一节我们一起来学习创建 Web 画廊的基本流程。

9.1.1 知识点："Web"模块界面

在"Web"模块中，可以指定网站的布局。

①预览窗口：在此窗口可以预览"模板浏览器"中的不同模板样式。该面板下方有一个图标，表明网页画廊的类型是 HTML 还是 Flash。

②模板浏览器：其中存放了多种网页画廊模板。

③收藏夹：显示目录中的收藏夹。

④编辑窗口：用于网页画廊的显示和编辑。

⑤网页设置面板：界面右侧区域的各种面板可以设置网页照片的版面布局和指定输出等选项。

⑥"在浏览器中预览"按钮：单击此按钮，可以在 IE 等浏览器中预览网页画廊的效果。

⑦"创建已存储的 Web 画廊"按钮：单击此按钮，可以将当前的 Web 画廊存入收藏夹中。

9.1.2 手动操练：Web 画廊的快速创建流程

对"Web"模块界面有了一定的了解后，我们就开始按照操作的先后顺序介绍创建网页画廊的整个基本流程。

选择照片

01 单击"图库"标签（或按下 G 键），进入"图库"模块。

02 在网格视图或胶片显示窗格中按住 Ctrl 键，选择用于 Web 画廊的多张照片。

CHAPTER 9　Web 画廊知多少

创建收藏夹

01　单击"收藏夹"右侧的加号图标（+）。
02　在弹出的菜单中选择"创建收藏夹"命令。

03　在弹出的"创建收藏夹"对话框的"名称"文本框中输入名称。
04　勾选"包括选定的照片"复选框。
05　单击"创建"按钮，完成收藏夹的创建。

照片顺序的排列

01　收藏夹创建完成后，单击"Web"标签转到"Web"画廊模块。
02　展开"收藏夹"面板，单击以选择刚才创建的"最新的网页画廊"收藏夹。
03　在胶片显示窗格中按照想要的顺序拖曳照片重新排序。

221

布局模板的选择

01 单击"Web"模块中预览窗口下方"模板浏览器"前的小三角，展开"模板浏览器"面板。

02 在展开的"模板浏览器"面板中，单击"Lightroom 模板"左侧的小三角，展开 LR5 预设的页面布局模板并选择一种模板。

Tips

在"模板浏览器"面板中，将光标分别移至不同的模板名称上，同时观察上方的"预览"窗口，可以看到不同模板各自的预览效果。

填写网站相关信息

01 展开"网站信息"面板,在其中的"网站标题"、"收藏夹标题"和"收藏夹说明"文本框中输入文字内容。

02 在"Web 或 Email 链接"中输入电子邮件地址。

> **Tips**
> 创建其他 Web 照片画廊时,可以单击"网站标题"、"收藏夹标题"、"收藏夹说明"、"联系信息"以及"Web 或 Email 链接"旁的三角形,从弹出的菜单中选择这些预设。

输出设置

在"输出设置"面板中,可以指定大图像的品质和元数据信息。此外,还可以添加水印以及锐化照片等。

Web 画廊的预览

01 单击编辑窗口右上边的"创建已存储的 Web 画廊"按钮。

02 在弹出的对话框中为存储的 Web 画廊命名,并选择"内部"位置存储,设置好后单击"创建"按钮,将当前的 Web 画廊存储到"收藏夹"面板中的"况且况且"文件夹下。

03 单击编辑窗口左下方的"在浏览器中预览"按钮后，LR5 创建的 Web 画廊将会在默认浏览器中生成预览。

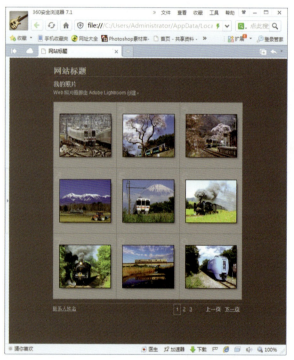

Web 画廊制作完成后，可以将其以导出的方式存储到磁盘，也可以使用 LR5 中的 FTP 上载功能将画廊自动上载到 Web 服务器（网络空间）。

9.2 Web 画廊的布局调整

LR5 中提供了可以在"模板浏览器"中选择的预定义 HTML 和 Flash Web 画廊。可以自定预定义的模板，方法是为画廊指定特定的要素，例如颜色、画廊布局、文本和身份标识。自定预定义模板不会对模板进行修改，但是可以将修改存储在新的自定模板中。自定模板会列在 Web 模块的"模板浏览器"中。

LR5 包括 Airtight Interactive 的三个 Flash 画廊布局：Airtight AutoViewer、Airtight PostcardViewer 和 Airtight SimpleViewer。在"布局样式"面板中可以选择它们。Airtight Interactive 增效工具在 Web 模块面板中提供自定选项，还可以使用这些选项来修改 Airtight 布局。

9.2.1 手动操练：Flash 画廊的布局调整

调整 Flash 网页画廊的外观

`01` 单击软件界面右上方"布局样式"右侧的小三角，展开"布局样式"面板。

`02` 在"布局样式"面板中，选择"Lightroom Flash 画廊"（选中的"Lightroom Flash 画廊"被高亮显示）。

`03` 单击"外观"右侧的小三角，展开"外观"面板。

调整外观面板改变网页外观

`01` 在"外观"面板中，单击"布局"右侧的双向三角，然后从弹出的菜单中选择一个布局。

`02` 勾选"身份标识"复选框后，按照幻灯片章节中所讲的方法设置"身份标识"。

`03` 在"大图像"区域设置显示大图的大小。

`04` 在"缩览图"区域设置网页上缩览图的大小。

9.2.2 手动操练：HTML 画廊的布局调整

展开 HTML 网页画廊外观面板

01 单击软件界面右上方"布局样式"右侧的小三角，展开"布局样式"面板。

02 在"布局样式"面板中，选择"Lightroom HTML 画廊"（选中后高亮显示）。

03 单击"外观"右侧的小三角，展开"外观"面板。

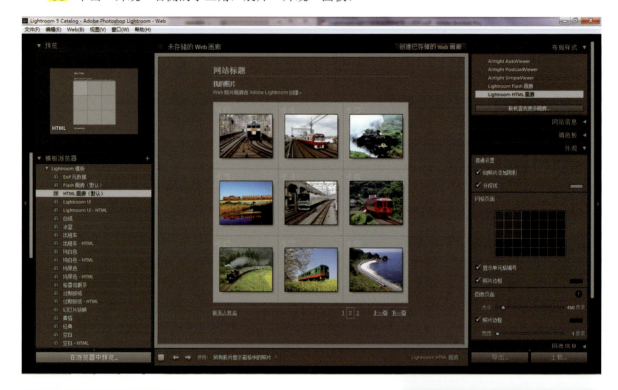

调整外观面板改变网页外观

01 在"外观"面板中，勾选"显示单元格编号"就会在每张照片缩览图的左上角显示索引编号，反之不出现编号。

02 在"网格页面"中单击，设置页面显示照片的行数和列数（网页的网格布局）。

03 如果给照片添加阴影效果，可以勾选"向照片添加阴影"复选框。

04 勾选"分段线"复选框，添加水平分段线，单击其右边的色块打开拾色器，设置分段线颜色。

05 勾选"照片边框"复选框，为照片添加边框，单击其右边的色块打开拾色器，设置边框颜色。

9.2.3 手动操练：Airtight 的 Web 画廊布局

Airtight AutoViewer 画廊的布局

01 在"布局样式"面板中选择第一项："Airtight AutoViewer"。

02 展开"外观"面板后，在"布局选项"中拖动滑块，调整"照片边框"的宽度、"照片间隔"（照片和照片之间的距离）和"幻灯片持续时间"（播放中图片停顿的时间）。

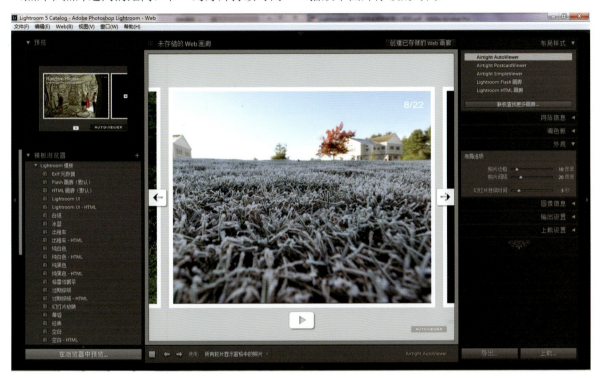

Airtight PostcardViewer 画廊的布局

01 展开"布局样式"面板，选择第二项——"Airtight PostcardViewer"。

02 展开"外观"面板后，在"明信片"区域中拖曳"列数"滑块，将其设置为"5"，此时网页将所有的照片排列为 5 列。使用同样的方法调整"照片边框"的宽度和"照片间隔"（照片和照片之间的排列距离）。

03 "缩放系数"用于调整所展示照片的大小。"远景"滑块用来设置缩览图的大小，"近景"滑块用来设置放大图的大小（单击缩览图后即可显示出大图）。

Airtight SimpleViewer 画廊的布局

01 在"布局样式"面板中选择"Airtight SimpleViewer"。

02 展开"外观"面板后,在"舞台选项"区域中拖曳"列数"和"行数"滑块,将其都设置为"3",此时网页将所有的照片缩览图排列为 3 行 3 列(排放在网页的左边)。

03 单击左侧其中一张缩览图,即可在网页右侧放大显示、

9.3 更改 Web 画廊的颜色

LR5 个性化网页设计的重要功能之一,就是可以根据自己的喜好随意更改网页画廊各部分的颜色,"Web"模块下的"调色板"面板中保存着这一特色功能。这个功能操作起来非常简单方便。

9.3.1 手动操练:HTML 画廊颜色的更改

网页缩览页面的颜色

01 在展开的"布局样式"面板中选择"Lightroom HTML 画廊"。

02 展开"调色板"面板并单击"文本"右侧的色块,在弹出的文本拾色器中选择浅紫色。利用同样的方法更改网页"背景"、"单元格"、"翻转"、"网格线"、"编号"的颜色。

03 勾选"身份标识"复选框。

04 单击"身份标识"下方的文本框,在弹出的菜单中选择"编辑"命令。

更改照片放大页面的颜色

照片放大页面中用更改"文本"颜色的方法更改网页"大图文本"、"大图衬底"的颜色。

9.3.2 手动操练：更改 Flash 画廊的颜色

01 在展开的"布局样式"面板中选择"Lightroom Flash 画廊"。

02 展开"调色板"面板并单击"文本"右侧的色块，在弹出的文本拾色器中选择浅黄色。利用同样的方法更改网页"标题文本"、"菜单文本"、"标题"、"菜单"、"背景"、"边框"、"控件前景"、"控件背景"的颜色。

Tips

单击 Flash 画廊页面左上角的"查看"按钮，在弹出的菜单中选择"幻灯片放映"命令，即以幻灯片的方式展示照片。如果要返回画廊展示界面，只需再次单击"查看"按钮，在弹出的菜单中选择"画廊"。

9.4 自定画廊模板的存储和使用

修改后的网页画廊可以根据需要存储为不同的用户预设模板。如果下次需要使用时，只需要在"模板浏览器"中单击该模板的名称即可将其应用到当前页面上。

>
> 在"模板浏览器"中单击鼠标右键，同样可以新建文件夹，来帮助组织不同种类的自定模板。

9.4.1 手动操练：存储修改后的 Web 画廊

将修改后的网页画廊存储为自定的 Web 画廊模板，并学会如何使用模板。

01 在左侧面板的"模板浏览器"中，单击"+"图标，弹出"新建模板"对话框。

02 在"新建模板"对话框中的"模板名称"文本框中输入"况且况且"，选择"文件夹"为"用户模板"。

03 单击"创建"按钮，即可将当前的画廊布局样式（包括颜色搭配）存储为用户模板。

04 以后要再次套用这一模板，只需在"用户模板"中单击此模板名称，就可将其应用于当前 Web 画廊中。

9.4.2 手动操练：模板的更新和删除

在"Web"模块中，可以修改以前保存的任一模板。并用修改后的结果更新原模板并保存下来。如果对某个模板不满意，还可以选择删除该模板。

用户模板的更新

01 在"模板浏览器"中单击刚才保存的"况且况且"模板。

02 在右侧的"调色板"、"外观"、"图像信息"等面板中修改 Web 画廊布局样式（包括颜色搭配）。

03 修改完成后,用鼠标右键单击"模板浏览器"中的"况且况且"模板名称,在弹出的菜单中选择"使用当前设置更新",即可用当前的修改设置更新原模板。

用户模板的删除

方法一:用鼠标右键单击"模板浏览器"中的"况且况且"模板,在弹出的菜单中选择"删除"命令,此模板即被删除。

方法二:在"模板浏览器"中,选择"况且况且"模板后单击"-"图标,即可删除所选模板。

9.5 Web 画廊的导出和上传

制作 Web 画廊的最终目的是要将其放到网络上展示。我们可以使用 LR5 中的 FTP 功能将其"上传"到指定的 Web 服务器，或者将其存储为一个包含 HTML 文件、图像文件等与 Web 相关文件的文件夹中。以便今后使用 FTP 应用程序上传文件，或者供脱机查看。

9.5.1 手动操练：Web 画廊的导出

导出 Web 画廊没有太多的设置选项，非常简单，但布局样式不同，"输出设置"选项也会有所差别。本节以"Lightroom Flash 画廊"样式为例介绍"输出设置"选项。

01 单击"输出设置"面板右侧的小三角，展开"输出设置"面板。

02 在"大图像"区域拖曳"品质"滑块设置放大图的质量（建议设置为"100"）。在"元数据"选项中选择随照片输出的元数据信息"仅版权"或"全部"，也可以自己编辑水印。

03 勾选"添加水印"复选框后，选择添加水印内容。如果选择添加"简单版权文印"，在页面图像的左下边将显示版权信息（假如图像上没有显示任何内容，表明没有给这张照片添加 IPTC 元数据。）

04 将"锐化"设置为"标准"，以满足大多数的显示需求。

05 单击"导出"按钮，将弹出"存储 Web 画廊"对话框。

06 在"存储 Web 画廊"对话框中指定一个存储位置并在"文件名"中输入保存的文件名，然后单击"存储"按钮，即可完成整个操作。

9.5.2 手动操练：Web 画廊的上传

相对于导出功能而言，上传 Web 画廊显得有些复杂，因为上传的前提是，在网络上已经申请了一个属于自己的空间，并且知道服务器路径、用户名及密码，然后才可以在 LR5 中将已经完成的 Web 画廊上传至这个空间。

上载设置

01 展开"上载设置"面板后，单击"FTP 服务器"项中的"自定设置"，在弹出的菜单中选择"编辑"命令。

02 在弹出的"配置 FTP 文件传输"对话框中，设置各项参数，然后单击"确定"按钮。

03 在"上载设置"面板中可以看到上传的完整路径。

Web 画廊的上载

01 单击"上载"按钮，软件将开始自动向指定的网站或网络空间上传 Web 画廊。

02 可以在 LR5 的左上角看到上传的进度条，等待上传完成后即可上网查看上传的 Web 画廊。

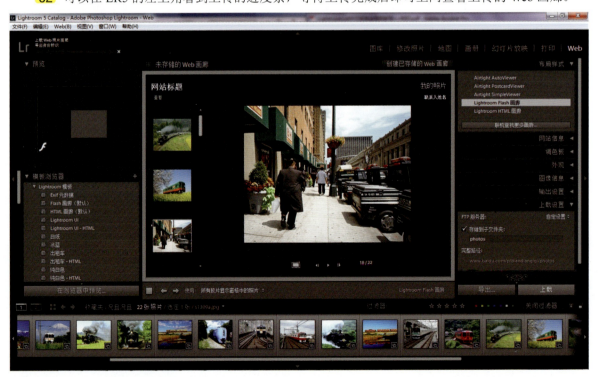

CHAPTER 10
使用 Lightroom 处理自然景观照片

目　　的：通过使用 LR5 的修改照片功能，综合性地修饰自然景观类的照片，调整出让人意想不到的效果。
功　　能：完善和修饰自然景观照片。
讲解思路：照片修饰前后对比→实际修改步骤→最终效果展示
主要内容：修改照片

本章主要包括 5 个案例，主要涉及自然景观类照片的修调。通过具体案例的实际修整操作，使读者更加熟练地掌握各种不同的修改功能。

10.1 金色的原野

原始文件：Chapter 10/Media/10-1.jpg　　最终文件：Chapter 10/Complete/10-1.jpg

该案例在整体曝光不足的情况下，却出现了局部过曝的情况。这算是修调过程中的一个难点。后期调整的重点放在了整体画面暗部细节的提取上，除此之外再将树木部分过曝的区域通过降低曝光的方式来还原其中的一些细节的层次，最终使整体的曝光趋于正常。

后期处理思路

核心问题：原图中主要存在着曝光不足的问题，除此之外整体画面的饱和度较低给人以非常沉闷的感觉。细心的读者不难发现虽说曝光不足，可是片子的部分高光区域仍然出现了过曝的情况。这种情况是比较特殊的，在修调的过程中需要我们付出更多的耐心与精力。

1. 曝光度大幅提升：通过大幅提升曝光度，使画面中的细节完整地呈现出来。有利于接下来光影和色调的调整。

2. 画面色调的调整：这一步主要是对画面的色调进行确立，并且通过对比度的调整使片子的整体效果更加立体。

3. 将照片导入 Photoshop 中进行精确调整：在 Lightroom 中大致调整好的照片转入 Photoshop 中进行色调以及光影的精确修调。最终效果如图所示。

后期处理步骤

01 照片导入 在"图库"模块中,选择"文件">"导入照片和视频"命令,导入照片原始文件"10-1.jpg"。

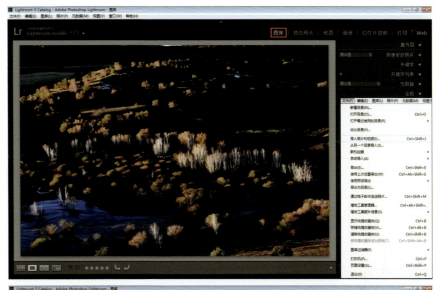

02 色温的调整 对画面的色温进行适度提升,使其呈现出偏暖的色调。展开"基本"面板,在"白平衡"中选择"色温"选项,通过拖曳滑块对图像的色温进行调整,具体参数如图所示。

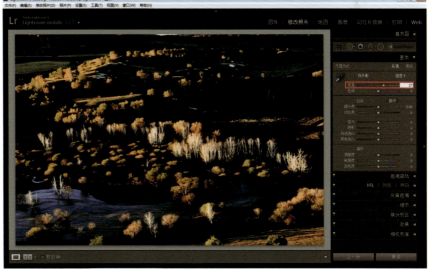

03 曝光度的调整 通过曝光度的提升来还原画面中部分细节层次。展开"基本"面板,在"色调"中选择"曝光度"选项,通过拖曳滑块对图像的曝光度进行调整,具体参数如图所示。

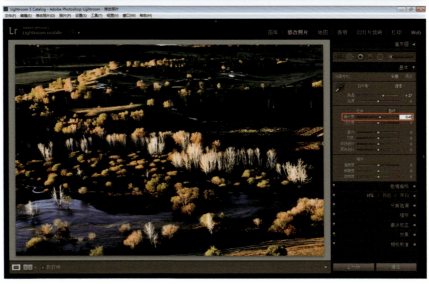

04 对比度的调整 适当降低画面的对比度,使暗部细节能够呈现出来,不至于漆黑一片。展开"基本"面板,在"色调"中选择"对比度"选项,通过拖曳滑块对图像的对比度进行调整,具体参数如图所示。

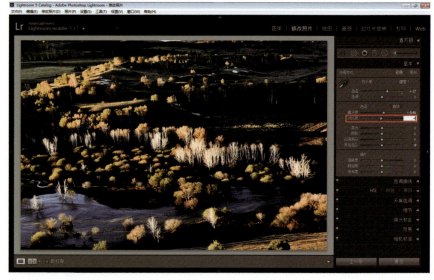

05 高光的调整 大幅降低画面的高光,还原其中的细节层次。展开"基本"面板,在"色调"中选择"高光"选项,通过拖曳滑块对图像的高光区域进行调整,具体参数如图所示。

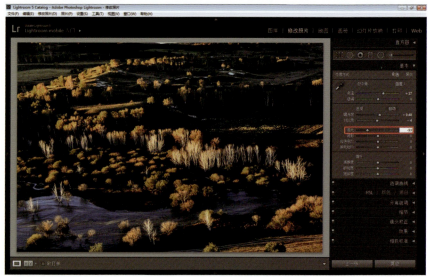

06 阴影的调整 通过提亮画面中的阴影部分,使片子暗部区域不至于漆黑一片。展开"基本"面板,在"色调"中选择"阴影"选项,通过拖曳滑块对图像暗部区域进行调整,具体参数如图所示。

CHAPTER 10　使用 Lightroom 处理自然景观照片

07 白色色阶的调整 提高画面中白色色阶的参数，使亮部区域更加通透。展开"基本"面板，在"色调"中选择"白色色阶"选项，通过拖曳滑块对图像的亮部区域进行调整，具体参数如图所示。

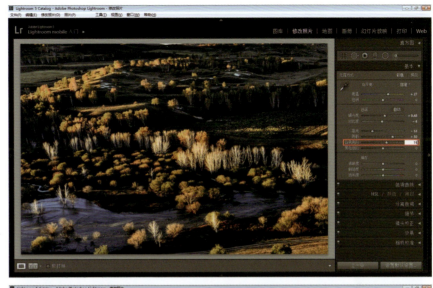

08 黑色色阶的调整 提高黑色色阶的参数，使暗部的细节得以呈现。展开"基本"面板，在"色调"中选择"黑色色阶"选项，通过拖曳滑块对图像的暗部区域进行调整，具体参数如图所示。

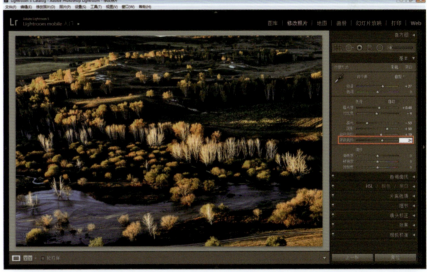

09 清晰度的调整 适当提高清晰度指数，使画面的清晰度有所增加。展开"基本"面板，在"偏好"中选择"清晰度"选项，通过拖曳滑块对图像的清晰程度进行调整，具体参数如图所示。

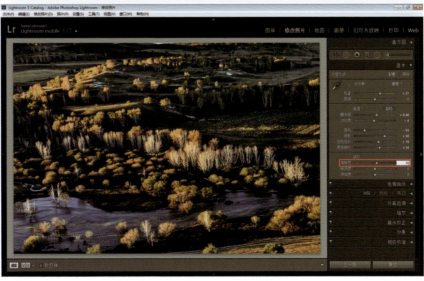

241

10 鲜艳度的调整 大幅增加鲜艳度指数，使画面中树木部分更加醒目。展开"基本"面板，在"偏好"中选择"鲜艳度"选项，通过拖曳滑块对图像的鲜艳度进行调整，具体参数如图所示。

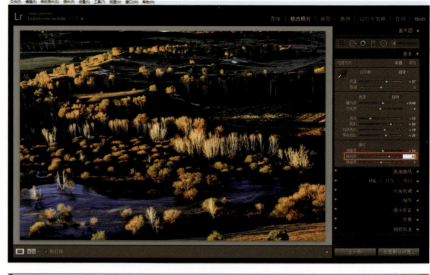

11 饱和度的调整 通过提高画面整体的饱和度，使片子色彩更加浓重，略显油画的风格。展开"基本"面板，在"偏好"中选择"饱和度"选项，通过拖曳滑块对图像的饱和度进行调整，具体参数如图所示。

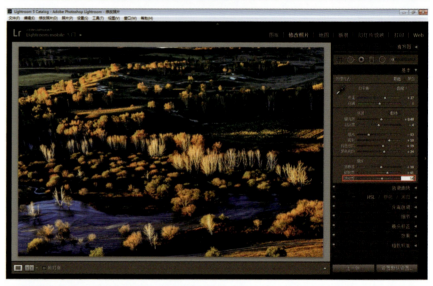

12 曲线的调整 通过调整曲线再次增加画面的对比度，使油画效果更为明显。展开"色调曲线"面板，分别选择其中的"高光"、"亮色调"、"暗色调"和"阴影"选项，通过拖曳滑块对图像曲线进行调整，具体参数如图所示。

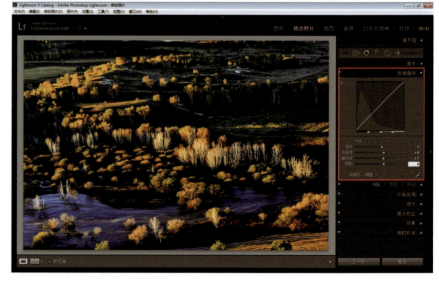

13 分通道进行饱和度的调整 展开"HSL"面板,选择"饱和度"选项,对各色通道分别进行调整,具体参数如图所示。

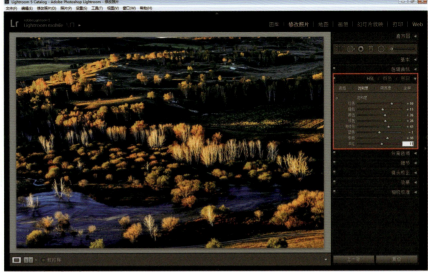

14 分通道进行明亮度的调整 展开"HSL"面板,选择"明亮度"选项,对各色通道分别进行调整,具体参数如图所示。

15 分离色调的调整 展开"分离色调"面板,分别在"高光"和"阴影"中选择"色相"和"饱和度"选项,通过拖曳滑块对图像的色调进行调整,具体参数如图所示。

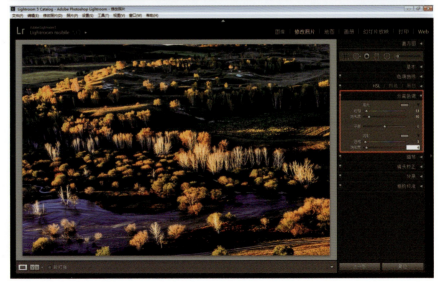

243

16 锐化 通过锐度的调整，使画面中细节层次更加清晰。展开"细节"面板，在"锐化"中分别选择"数量"、"半径"、"细节"以及"蒙版"等选项，通过拖曳滑块对图像中锐度进行调整，具体参数如图所示。

17 压暗四周处理并导出照片 通过对四周的压暗处理，使画面中的植物部分更加突出。展开"效果"面板，在"裁剪后暗角"中分别选择"数量"、"中点"、"圆度"、"羽化"以及"高光"等选项，通过拖曳滑块对图像四周亮度进行调整，具体参数如图所示。接下来导出调整好的照片。

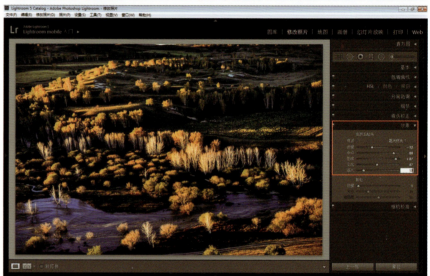

18 照片精调 将 Lightroom 中调整好的片子导入 Photoshop 中进行修调。通过曲线对光影再次进行调整，使画面的主体部分更加突出，最终效果如图所示。

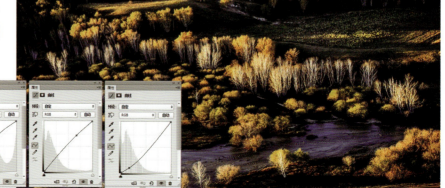

10.2 湛蓝天空

原始文件：Chapter 10/Media/10-2.jpg　　最终文件：Chapter 10/Complete/10-2.jpg

　　原片拍摄的是在落日余晖的映衬下天空中云层的美丽景象，但是由于略微欠曝使画面看起来比较灰暗，且由于偏色等原因照片没有达到我们预期的效果。后期处理时我们将侧重点放在对比度以及饱和度的调整上。

后期处理思路

　　核心问题：原图存在以下几点问题，整体偏黄使片子看起来不够清爽、对比度不强、天空部分缺乏应有的层次感以及立体感。针对以上这些问题通过对色温、色调以及对比度等参数的调整最终使片子呈现出了比较唯美的视觉效果。

　　1. 确定色温和曝光：这一步通过色温和曝光度等参数的调整来确定片子基本的亮度与色调。

2. 调整曲线来加强对比：通过调整曲线的方式加强画面的对比度，使片子看起来更加立体、清晰。

3. 压暗四周处理：通过压暗四周的方式使画面的中心部分更加醒目，起到了突出主体的作用。

CHAPTER 10 使用 Lightroom 处理自然景观照片

后期处理步骤

01 照片导入 在"图库"模块中,选择"文件"/"导入照片和视频"命令,导入照片原始文件"10-2.jpg"。

02 色温的调整 调整整体画面的色温,使其呈现出偏蓝的色调。展开"基本"面板,在"白平衡"中选择"色温"选项,通过拖曳滑块对图像的色温进行调整,具体参数如图所示。

03 色调的调整 对画面的色调进行调整使其效果更加柔和。展开"基本"面板,在"白平衡"中选择"色调"选项,通过拖曳滑块对图像的色调进行调整,具体参数如图所示。

247

04 对比度的调整 加强对比度使画面看起来更加立体。展开"基本"面板,在"色调"中选择"对比度"选项,通过拖曳滑块对图像的对比度进行调整,具体参数如图所示。

05 阴影的调整 适当降低阴影部分的亮度,使画面整体效果更加立体。展开"基本"面板,在"色调"中选择"阴影"选项,通过拖曳滑块对图像的阴影部分进行调整,具体参数如图所示。

06 黑色色阶的调整 略微降低黑色色阶的参数。展开"基本"面板,在"色调"中选择"黑色色阶"选项,通过拖曳滑块对图像暗部区域进行调整,具体参数如图所示。

CHAPTER 10 使用 Lightroom 处理自然景观照片

07 清晰度的调整 适当提高清晰度指数，使画面的清晰度有所增加。展开"基本"面板，在"偏好"中选择"清晰度"选项，通过拖曳滑块对图像的清晰程度进行调整，具体参数如图所示。

08 饱和度的调整 提升饱和度，使片子呈现出湛蓝的颜色。展开"基本"面板，在"偏好"中选择"饱和度"选项，通过拖曳滑块对片子的饱和度进行调整，具体参数如图所示。

09 压暗四周，突出主体 通过对四周的压暗处理，使画面中的主体部分更加突出。展开"效果"面板，在"裁剪后暗角"中分别选择"数量"、"中点"、"圆度"、"羽化"以及"高光"等选项，通过拖曳滑块对图像四周亮度进行调整，具体参数如图所示。

249

10 曲线的调整 通过调整曲线再次增加画面的对比度，凸显油画效果。展开"色调曲线"面板，分别选择其中的"高光"、"亮色调"、"暗色调"和"阴影"选项，通过拖曳滑块对图像曲线进行调整，具体参数如图所示。

11 分通道进行饱和度的调整 展开"HSL"面板，选择"饱和度"选项，对各色通道分别进行调整，具体参数如图所示。

12 锐化并导出照片 通过锐度的调整，使画面中细节层次更加清晰。展开"细节"面板，在"锐化"中分别选择"数量"、"半径"、"细节"以及"蒙版"等选项，通过拖曳滑块对图像锐度进行调整，具体参数如图所示。接下来导出调整好的照片。

10.3 阴雨天画面

原始文件：Chapter 10/Media/10-3.jpg　　最终文件：Chapter 10/Complete/10-3.jpg

　　本案例中原片的效果并不令人满意，由于色温过高使画面整体偏黄，并且本身的曝光也是严重不足的，致使片子看起来很灰暗。在后期处理时主要通过对亮度以及色调的调整来增强画面韵味，得到更优美的风景照片。

后期处理思路

　　核心问题：原图整体色调偏黄，给人不够明快的感觉。同时照片本身的欠曝使整个画面看起来不够通透，且暗部的细节不能很好地体现出来，画面的层次上有所缺失。针对以上问题在后期处理时我们进行逐一解决，最终将一张清新明快、偏蓝色调的画面呈现在了读者的面前。为了使大家对制作的过程能够一目了然，除了帮助大家理清修调的思路之外，我们将通过逐步讲解的方式最大限度地还原当时的做法。

　　1、基本色调的确定：这里我们主要通过色温的调整来实现色调的转变。原图存在色温过高，整体画面偏黄的现象，在后期处理过程中适度降低了画面的色温，使其呈现出偏蓝的视觉效果。

2、亮度等细节的调整：整体色调确定之后需要对画面的亮度、对比度以及暗部细节等方面进行微调。基本思路是首先以画面所表达的整体氛围为基础适度提高整体亮度，然后是对比度的加强。最后通过暗部细节的提取使得画面层次感更加丰富。

后期处理步骤

01 照片导入 在"图库"模块中，选择"文件">"导入照片和视频"命令，导入照片原始文件"10-3.jpg"。

CHAPTER 10 使用 Lightroom 处理自然景观照片

02 色温的调整 调整整体画面的色温，使其呈现出偏蓝的色调。展开"基本"面板，在"白平衡"中选择"色温"选项，通过拖曳滑块对图像的色温进行调整，具体参数如图所示。

03 曝光度的调整 适当增加曝光，使画面更加通透。展开"基本"面板，在"色调"中选择"曝光度"选项，通过拖曳滑块对图像的亮度进行调整，具体参数如图所示。

04 增加对比度并导出照片 适当增加对比度，使画面看起来更加立体。展开"基本"面板，在"色调"中选择"对比度"选项，通过拖曳滑块对图像的对比度进行调整，具体参数如图所示。接下来导出调整好的照片。

253

10.4 夜幕下的河流

原始文件：Chapter 10/Media/10-4.jpg　　最终文件：Chapter 10/Complete/10-4.jpg

该案例所拍摄的是夜幕下渔翁湖面泛舟的景象，除了远处的亮光之外点点的渔火成了夜幕下的一个焦点。原片由于曝光、对比度以及色调等问题使得画面看起来混沌一片，很大程度上破坏了这幅夜景本身的美感。

后期处理思路

核心问题：原图严重曝光不足且偏灰的色调使画面看起来很混沌，在后期的调整中我们需要在片子的亮度、对比度以及色调等几个方面多下工夫。通过比较不难发现最终调整后的画面呈现出了清晰、通透且比较立体的效果。

1.曝光度的提升：适度提高画面的曝光度，使其亮度趋于正常，以便进行下一步色调的调整。

2. 基本色调的确立：在原有色调的基础上适度地降低图像的色温，使其呈现出偏蓝的效果。

3. 对比度的强化：在基本色调确立之后对画面的对比度进行加强，使片子更加清晰、立体，同时色彩更加明艳。至此大体调整就算完成了。

4.色彩的精调：为了使渔火部分更加醒目，主要对画面中黄、红、橙色等色调进行单独调整。

5.压暗四周：在片子调整的最后往往需要通过压暗四周的方式对画面的主体部分进行提取，在该案例中四周环境的压暗使湖面上渔船的部分更加醒目。

CHAPTER 10　使用 Lightroom 处理自然景观照片

后期处理步骤

01 照片导入 在"图库"模块中,选择"文件">"导入照片和视频"命令,导入照片原始文件"10-4.jpg"。

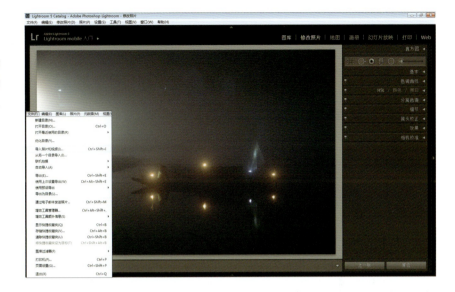

02 增加曝光度 适当增加曝光度,使画面整体亮起来。展开"基本"面板,在"色调"中选择"曝光度"选项,通过拖曳滑块对图像的亮度进行调整,具体参数如图所示。

03 色温的调整 通过色温的调整使画面呈现出偏蓝的色调。展开"基本"面板,在"白平衡"中选择"色温"选项,通过拖曳滑块对图像色温进行调整,具体参数如图所示。

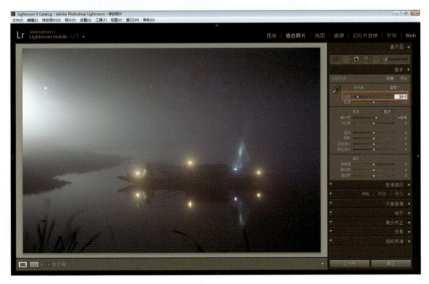

257

04 色调的调整 对色调进行调整，给画面添加少许暖暖的效果。展开"基本"面板，在"白平衡"中选择"色调"选项，通过拖曳滑块进行调整，具体参数如图所示。

05 对比度的增强 增加画面的对比度，使其看起来更加清晰立体。同时，随着对比度的加强饱和度也随之增加，颜色更加明艳。展开"基本"面板，在"色调"中选择"对比度"选项，通过拖曳滑块进行调整，具体参数如图所示。

06 高光区域的提亮 适当提亮高光的部分能使片子整体看起来更加通透。展开"基本"面板，在"色调"中选择"高光"选项，通过拖曳滑块进行调整，具体参数如图所示。

07 阴影区域的再次压暗 压暗阴影区域，使画面该暗的部分再次暗下来，这样更好地凸显暮色下平静湖面上泛舟的意境。展开"基本"面板，在"色调"中选择"阴影"选项，通过拖曳滑块进行调整，具体参数如图所示。

08 白色色阶的提亮 通过提亮白色色阶使画面中白色光亮部分以及渔火的部分更加突出。展开"基本"面板，在"色调"中选择"白色色阶"选项，通过拖曳滑块进行调整，具体参数如图所示。

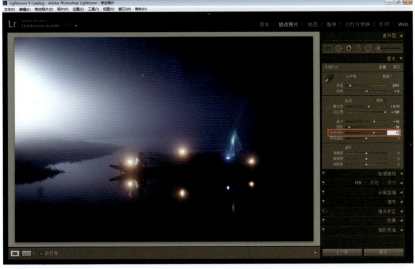

09 黑色色阶的提亮 适当降低黑色色阶的参数，使画面呈现出更加立体的效果。展开"基本"面板，在"色调"中选择"黑色色阶"选项，通过拖曳滑块进行调整，具体参数如图所示。

10 清晰度的提高 增加图像的清晰度，这样片子细节部分更清晰、立体。展开"基本"面板，在"偏好"中选择"清晰度"选项，通过拖曳滑块进行调整，具体参数如图所示。

11 鲜艳度的降低 之前的操作不断地增加画面的对比度，使片子的饱和度也随之不断增加，因此在这一步中需要适度地降低整体图像的鲜艳度，使其更加柔和。展开"基本"面板，在"偏好"中选择"鲜艳度"选项，通过拖曳滑块进行调整，具体参数如图所示。

12 曲线的调整 通过曲线的调整使画面更加清晰、通透。展开"色调曲线"面板分别选择其中的"高光"、"亮色调"、"暗色调"和"阴影"选项，通过拖曳滑块对图像色调进行调整，具体参数如图所示。

13 分通道进行色相的调整 分通道对画面的色相进行调整，使渔火部分呈现出暖暖的色调。展开"HSL"面板，选择"色相"选项，对各色通道分别进行调整，具体参数如图所示。

14 分通道进行饱和度的调整 分通道对画面的饱和度进行调整，大幅增加红色、黄色以及橙色等色彩的饱和度。展开"HSL"面板，选择"饱和度"选项，对各色通道分别进行调整，具体参数如图所示。

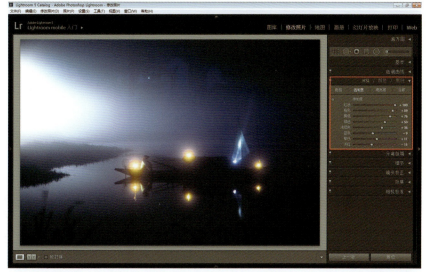

15 压暗四周并导出照片 压暗四周环境，使画面的主体突出。展开"效果"面板，在"裁剪后暗角"中分别选择"数量"、"中点"、"圆度"和"羽化"和"高光"选项，通过拖曳滑块进行调整，具体参数如图所示。接下来导出调整好的照片。

10.5　光线不足时拍摄的照片

原始文件：Chapter 10/Media/10-5.jpg　　最终文件：Chapter 10/Complete/10-5.jpg

通过观察不难发现调整后的照片在对比度、亮度以及色调上均有较大的改观。整体图像，尤其是天空部分的云层更加立体，细节层次更加丰富。除此之外，红色元素的添加使画面最终效果更加绚丽。

后期处理思路

核心问题：原图中整体曝光不足，但是画面中的细节层次还是比较完整的。因此在后期处理时主要将重点放在画面亮度以及色调的调整上。通过亮度的提升、对比度的加强使片子的效果更加分明。通过渐变滤镜的使用、红色元素的添加，使画面的色彩更加丰富。

1、基本参数的调整：这一步中主要针对画面的白平衡、色调以及偏好等信息进行初步调整。

2、图像的精确调整：初步调整之后需要对画面进行精确的修调，例如分通道进行颜色的转换、锐度的加强、立体感的强化等。

后期处理步骤

01 照片导入 在"图库"模块中，选择"文件">"导入照片和视频"命令，导入照片原始文件"10-5.jpg"。

02 基本色调与光影的调整 这一步主要对图像进行初步调整,除了体现出画面的层次感之外使其呈现出偏蓝的色调。展开"基本"面板,分别从"白平衡""色调"以及"偏好"三个方面对图像色调以及光影进行调整,效果如图所示。

03 色调曲线的调整 通过调整曲线的方式适当增加图像的对比度,使其更加立体。展开"色调曲线"面板选择其中的"暗色调"选项,通过拖曳滑块对图像曲线进行调整,具体参数如图所示。

04 分通道进行颜色的调整 分通道对画面中颜色的色相、饱和度进行调整。展开"HSL"面板,在"色相"、"饱和度"中分别对各色通道分别进行调整,具体参数如图所示。

05 分离色调的处理 展开"分离色调"面板,在"高光"和"阴影"中分别选择"色相"和"饱和度"选项,通过拖曳滑块对图像的色调进行调整,具体参数如图所示。

06 锐化 通过锐度的调整,使画面中细节层次更加清晰。展开"细节"面板,在"锐化"中选择"数量"、"半径"等选项,通过拖曳滑块对图像中锐度进行调整,具体参数如图所示。

07 渐变处理并导出照片 为了使画面的色彩更加丰富,通过渐变滤镜的应用来添加红色的元素。单击"渐变滤镜"工具对其进行参数设置后,在页面上制作红色渐变效果,具体参数如图所示。接下来导出调整好的照片。

CHAPTER 11

使用 Lightroom 处理城市风情照片

目　　的：通过使用 LR5 的修改照片功能，综合性地修饰城市风情类的照片，调整出让人意想不到的效果。
功　　能：完善和修饰城市风情照片。
讲解思路：照片修饰前后对比→实际修改步骤→最终效果展示
主要内容：修改照片

本章内容主要包括 4 个案例，主要涉及城市风情类照片的修调。通过具体案例的实际修整操作，使读者更加熟练地掌握各种不同的修改功能。

11.1 简单明快的罗马建筑

原始文件：Chapter 11/Media/11-1.jpg　　最终文件：Chapter 11/Complete/11-1.jpg

　　这是一张关于街景的照片，通过后期的调整使画面立体感以及层次感更强，并且颜色信息更加丰富。绚丽的云层可以说是片子的一个亮点，后期通过适当地降低地面部分的亮度使天空区域更加突出。但是在降低地面亮度的同时应最大限度地保留其暗部的细节与层次。

后期处理思路

　　核心问题：原图曝光还算准确，只是在画面对比度以及色调上有所欠缺。由于整体对比度不够强，片子的立体感不足。除此之外，色调上的平淡不能体现出晚霞的多彩以及建筑物的简洁明快。以上存在的种种问题正是我们后期需要重点修调的地方。

　　1. 地面部分的调整：对地面部分进行调整，使该暗的区域适当地暗下来但不失去画面应有的细节与层次。

2. 天空色调的调整：这一步将调整的重点放在天空区域颜色的转换上，使画面的色彩更绚丽、层次更丰富。

3. 地面天空的拼接：将图像导入 Photoshop 中通过添加图层蒙版并结合画笔工具的使用对天空和地面做拼接处理，使二者融为一体。

4. 图像的精细调整：通过色彩平衡以及曲线的调整对画面做精细的调整，最终效果如图所示。

后期处理步骤

一、地面部分的调整

01 照片导入 在"图库"模块中，选择"文件">"导入照片和视频"命令，导入照片原始文件"11-1.jpg"。

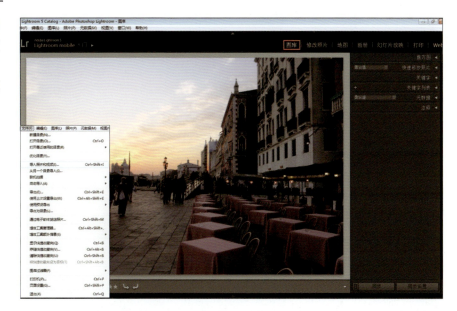

02 色温的调整 略微降低整体色温,使其偏冷。展开"基本"面板,在"白平衡"中选择"色温"选项,通过拖曳滑块对图像的色温进行调整,具体参数如图所示。

03 色调的调整 适当降低画面的色调,使整体呈现出比较柔和的效果。展开"基本"面板,在"白平衡"中选择"色调"选项,通过拖曳滑块对图像的色调进行调整,具体参数如图所示。

04 曝光度的调整 适当降低画面的曝光,使高光部分的层次更加分明。展开"基本"面板,在"色调"中选择"曝光度"选项,通过拖曳滑块对图像的曝光进行调整,具体参数如图所示。

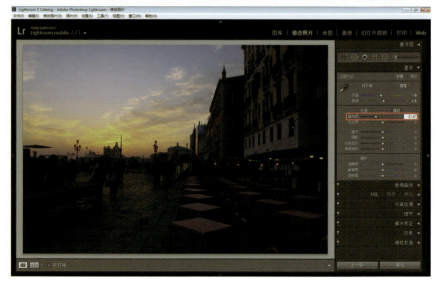

05 对比度的调整 增加画面的对比度，使片子看起来更加立体。展开"基本"面板，在"色调"中选择"对比度"选项，通过拖曳滑块对图像的对比度进行调整，具体参数如图所示。

06 高光的调整 大幅增加高光区域的亮度，使画面更通透。展开"基本"面板，在"色调"中选择"高光"选项，通过拖曳滑块对图像的高光进行调整，具体参数如图所示。

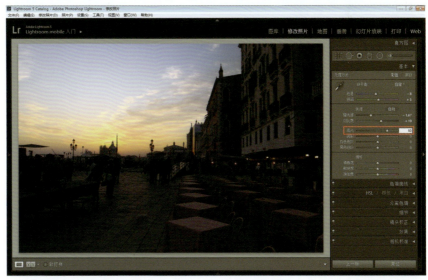

07 阴影的调整 大幅增加暗部区域的亮度，使暗部细节完整地呈现出来。展开"基本"面板，在"色调"中选择"阴影"选项，通过拖曳滑块对图像的高光进行调整，具体参数如图所示。

08 白色色阶的调整 适当增加白色色阶的指数。展开"基本"面板，在"色调"中选择"白色色阶"选项，通过拖曳滑块对图像的高光进行调整，具体参数如图所示。

09 黑色色阶的调整 适当增加黑色色阶的指数。展开"基本"面板，在"色调"中选择"黑色色阶"选项，通过拖曳滑块对图像的暗部进行调整，具体参数如图所示。

10 清晰度的调整 适当增加画面的清晰度，使细节部分更加分明。展开"基本"面板，在"偏好"中选择"清晰度"选项，通过拖曳滑块对图像的清晰度进行调整，具体参数如图所示。

11 鲜艳度的调整 适当提升画面的鲜艳度，使片子色调更加明艳。展开"基本"面板，在"偏好"中选择"鲜艳度"选项，通过拖曳滑块对图像的鲜艳度进行调整，具体参数如图所示。

12 饱和度的调整 适当增加片子的饱和度，使画面看起来更加艳丽。展开"基本"面板，在"偏好"中选择"饱和度"选项，通过拖曳滑块对图像的饱和度进行调整，具体参数如图所示。

13 曲线的调整 通过曲线的调整来增加整体画面的对比度以及立体感。展开"色调曲线"面板，分别选择其中的"高光"、"亮色调"、"暗色调"和"阴影"选项，通过拖曳滑块对图像曲线进行调整。具体参数如图所示。

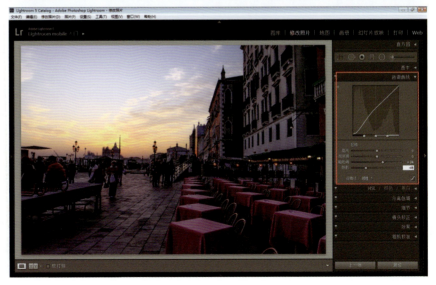

14 分通道进行色相的调整 展开"HSL"面板,选择"色相"选项,对各色通道分别进行调整,具体参数如图所示。

15 分通道进行饱和度的调整 展开"HSL"面板,选择"饱和度"选项,对各色通道分别进行调整,具体参数如图所示。

16 分通道进行明亮度的调整 展开"HSL"面板,选择"明亮度"选项,对各色通道分别进行调整,具体参数如图所示。

17 锐化 通过锐度的调整，使画面中细节层次更加清晰。展开"细节"面板，在"锐化"中分别选择"数量"、"半径"、"细节"以及"蒙版"等选项，通过拖曳滑块对图像中锐度进行调整，具体参数如图所示。

18 压暗四周，突出主体 通过压暗四周环境，使画面主体部分更加突出。展开"效果"面板，在"裁剪后暗角"中分别选择"数量"、"中点"、"圆度"、"羽化"以及"高光"等选项，通过拖曳滑块对图像进行调整，具体参数如图所示。

19 照片导出 调整完毕之后将文件导出。在"图库"模块中，选择"文件">"导出"命令，导出修调好的照片。最终效果如图所示。

二、天空部分的调整

01 将调整后的片子进行复位 在"照片修改"面板中单击右下角的"复位"按钮,将调整后的图像进行复位处理,以便进行天空区域的调整。

02 色温的调整 降低片子整体色温,使其呈现出偏冷的效果。展开"基本"面板,在"白平衡"中选择"色温"选项,通过拖曳滑块对图像的色温进行调整,具体参数如图所示。

03 色调的调整 适当降低画面的色调,使整体呈现出比较柔和的效果。展开"基本"面板,在"白平衡"中选择"色调"选项,通过拖曳滑块对图像的色调进行调整,具体参数如图所示。

04 曝光度的调整 大幅降低画面的曝光度，使天空中的层次更好地呈现出来。展开"基本"面板，在"色调"中选择"曝光度"选项，通过拖曳滑块对图像的亮度进行调整，具体参数如图所示。

05 对比度的调整 大幅度提升画面的对比度，使片子更加立体。展开"基本"面板，在"色调"中选择"对比度"选项，通过拖曳滑块对图像的对比度进行调整，具体参数如图所示。

06 高光的调整 略微降低画面中高光区域的亮度，以此来还原天空的层次。展开"基本"面板，在"色调"中选择"高光"选项，通过拖曳滑块对图像的高光进行调整，具体参数如图所示。

07 阴影的调整 大幅增加画面中阴影部分的亮度，使片子中暗部细节呈现得更加完整。展开"基本"面板，在"色调"中选择"阴影"选项，通过拖曳滑块对图像的暗部区域进行调整，具体参数如图所示。

08 白色色阶的调整 通过增加白色色阶的指数再次提亮高光区域的亮度，使片子更加通透。展开"基本"面板，在"色调"中选择"白色色阶"选项，通过拖曳滑块对图像的亮部区域进行调整，具体参数如图所示。

09 黑色色阶的调整 通过大幅降低黑色色阶的指数来增加画面对比度。展开"基本"面板，在"色调"中选择"黑色色阶"选项，通过拖曳滑块对图像的暗部区域进行调整，具体参数如图所示。

10 清晰度的调整 适当增加画面的清晰度，使细节层次更加丰富。展开"基本"面板，在"偏好"中选择"清晰度"选项，通过拖曳滑块对图像清晰度进行调整，具体参数如图所示。

11 鲜艳度的调整 适当增加画面的鲜艳度，使云层的色彩更加绚丽。展开"基本"面板，在"偏好"中选择"鲜艳度"选项，通过拖曳滑块对图像的鲜艳度进行调整，具体参数如图所示。

12 饱和度的调整 通过增加画面的饱和度，使片子在视觉上的厚度有所增强。展开"基本"面板，在"偏好"中选择"饱和度"选项，通过拖曳滑块对图像饱和度进行调整，具体参数如图所示。

13 曲线的调整 通过调整曲线的方式适当增加图像的对比度使其更加立体。展开"色调曲线"面板,分别选择其中的"高光"、"亮色调"、"暗色调"和"阴影"选项,通过拖曳滑块对图像曲线进行调整,具体参数如图所示。

14 分通道进行色相的调整 展开"HSL"面板,选择"色相"选项,对各色通道分别进行调整,具体参数如图所示。

15 分通道进行饱和度的调整 展开"HSL"面板,选择"饱和度"选项,对各色通道分别进行调整,具体参数如图所示。

16 分通道进行明亮度的调整 展开"HSL"面板,选择"明亮度"选项,对各色通道分别进行调整,具体参数如图所示。

17 锐化 通过锐度的调整,使画面中细节层次更加清晰。展开"细节"面板,在"锐化"中分别选择"数量"、"半径"、"细节"以及"蒙版"等选项,通过拖曳滑块对图像锐度进行调整,具体参数如图所示。

18 压暗四周,突出主体 通过对四周的压暗处理,使画面中的主体部分更加突出。展开"效果"面板,在"裁剪后暗角"中分别选择"数量"、"中点"、"圆度"、"羽化"以及"高光"等选项,通过拖曳滑块对图像四周亮度进行调整,具体参数如图所示。

19 照片导出 片子调整完毕之后将文件导出。在"图库"模块中，选择"文件">"导出"命令，导出修调好的照片。最终效果如图所示。

三、图像合成处理

01 照片导入 将在 Lightroom 中调整好的照片以分层形式导入 Photoshop 中，以便下一步的拼接处理。

02 拼接处理 通过添加图层蒙版并结合画笔工具的使用对天空部分和地面部分进行拼接处理，再盖印图层。

03 色彩平衡的调整 通过色彩平衡的调整，使整体效果偏黄，以此来衬托云彩的暖调。

04 曲线的调整 通过曲线的调整对四周的环境进行压暗处理，使画面的主体部分天空看起来更加绚丽多彩。

05 锐化 通过滤镜中的USM锐化对照片的细节部分进行再次强化，使画面层次更加丰富。最终效果如图所示。

11.2 浓雾下的大桥

原始文件：Chapter 11/Media/11-2.jpg　　最终文件：Chapter 11/Complete/11-2.jpg

　　本案例的原片从色温以及曝光上来看并不令人满意，较高的色温无法给人以清新的感觉，同时曝光不足又使画面的层次尽失，尤其是天空部分的云层以及桥面以下的细节均不能很好地呈现出来。

后期处理思路

　　核心问题：原图中主要存在以下几个问题，首先是整体曝光不足使画面呈现出偏灰暗的感觉。另外，由于本身层次不够分明，使桥的主体地位不够突出。除此之外就是天空部分层次不够丰富，无法体现出夜幕将至时云彩的绚丽。因此在后期的修调中只要将以上存在的问题一一解决即可。

　　1. 整体曝光的调整：适度提高画面的曝光度，使其亮度趋于正常，以便进行下一步色调的调整。

2. 色温、色调的确定：通过色温、色调的调整初步确定该图像的效果。

3. 对比度的加强以及色调调整：通过加强画面的对比度使其看起来更加立体。除此之外对其颜色进一步调整。

4. 画面的精调：分通道进行调色，使画面中的色彩更加丰富。另外，图像锐度的加强使细节部分呈现得更加精确。

后期处理步骤

01 照片导入 在"图库"模块中，选择"文件">"导入照片和视频"命令，导入照片原始文件"11-2.jpg"。

02 色温的调整 略微降低图像的色温,使画面呈现偏蓝色调。展开"基本"面板,在"白平衡"中选择"色温"选项,通过拖曳滑块对图像的亮度进行调整,具体参数如图所示。

03 色调的调整 通过调整色调使天空的颜色多一些洋红的元素,整体画面看起来更通透。展开"基本"面板,在"白平衡"中选择"色调"选项,通过拖曳滑块对图像的亮度进行调整,具体参数如图所示。

04 曝光度的调整 通过提亮曝光的方式使画面整体提亮,让暗部的细节得以呈现出来。展开"基本"面板,在"色调"中选择"曝光度"选项,通过拖曳滑块对图像的亮度进行调整,具体参数如图所示。

05 对比度的调整 通过适度增加对比度，使画面更有立体感与层次感。展开"基本"面板，在"色调"中选择"对比度"选项，通过拖曳滑块对图像的亮度进行调整，具体参数如图所示。

06 高光的调整 通过对高光区域进行提亮处理，使画面更通透。展开"基本"面板，在"色调"中选择"高光"选项，通过拖曳滑块对图像的亮度进行调整，具体参数如图所示。

07 阴影的调整 通过再次降低阴影部分的亮度，使画面整体层次感更强。展开"基本"面板，在"色调"中选择"阴影"选项，通过拖曳滑块对图像的亮度进行调整，具体参数如图所示。

08 白色色阶的调整 通过适当降低白色色阶的参数来还原白色区域的部分层次。展开"基本"面板，在"色调"中选择"白色色阶"选项，通过拖曳滑块对图像的亮度进行调整，具体参数如图所示。

09 黑色色阶的调整 降低黑色色阶的参数以此来压暗暗部区域，使整体画面的对比度增强。展开"基本"面板，在"色调"中选择"黑色色阶"选项，通过拖曳滑块对图像的亮度进行调整，具体参数如图所示。

10 清晰度的调整 提升图像的清晰度，使画面的细节部分呈现得更精细。展开"基本"面板，在"偏好"中选择"清晰度"选项，通过拖曳滑块对图像的清晰度进行调整，具体参数如图所示。

11 鲜艳度的调整 略微降低鲜艳度,使灯光部分看起来不太刺眼。展开"基本"面板,在"偏好"中选择"鲜艳度"选项,通过拖曳滑块对图像的鲜艳程度进行调整,具体参数如图所示。

12 饱和度的调整 略微提升饱和度使画面的整体颜色略显明快。展开"基本"面板,在"偏好"中选择"饱和度"选项,通过拖曳滑块对图像的饱和度进行调整,具体参数如图所示。

13 曲线的调整 通过调整曲线的方式来适当增加图像的对比度,使其更加立体。展开"色调曲线"面板,分别选择其中的"高光"、"亮色调"、"暗色调"和"阴影"选项,通过拖曳滑块对图像色调进行调整,具体参数如图所示。

CHAPTER 11 使用 Lightroom 处理城市风情照片

14 分通道进行色相的调整 展开"HSL"面板,选择"色相"选项,对各色通道分别进行调整,具体参数如图所示。

15 分通道进行饱和度的调整 展开"HSL"面板,选择"饱和度"选项,对各色通道分别进行调整,具体参数如图所示。

16 分通道进行明亮度的调整 展开"HSL"面板,选择"明亮度"选项,对各色通道分别进行调整,具体参数如图所示。

293

17 锐化 对画面进行锐化处理。展开"细节"面板，在"锐化"中选择"数量"选项，通过拖曳滑块对图像锐度进行调整，具体参数如图所示。

18 压暗四周并导出照片 展开"效果"面板，在"裁剪后暗角"中选择"数量"选项，通过拖曳滑块对图像四周的亮度进行调整，具体参数如图所示。接下来导出调整好的照片。

11.3 经典欧式古建筑

原始文件：Chapter 11/Media/11-3.jpg　　最终文件：Chapter 11/Complete/11-3.jpg

　　这是一幅关于古建筑的照片，我们将调整重点放在了画面层次感的塑造以及色调的转换上。需要注意的是在色调方面既要表现出建筑的厚重之感又不可使片子的颜色过于夺目、夸张。整体色调应该以沉稳、厚重为主。至于天空部分的颜色则应该与建筑本身的颜色相呼应。

后期处理思路

　　核心问题：原图中主要存在两方面的问题，一个是色调上的平淡，另一个则是层次感的缺乏。由于颜色信息的缺失，使画面整体看起来不够饱满。而层次感的缺乏则使图像的立体感不够强烈。因此，在后续的调整中应该将侧重点放在色调转换以及层次感的加强上。

　　1. 建筑部分的调整：地面部分的调整主要将侧重点放在光影的调整上，使画面中的细节更完整地呈现出来。

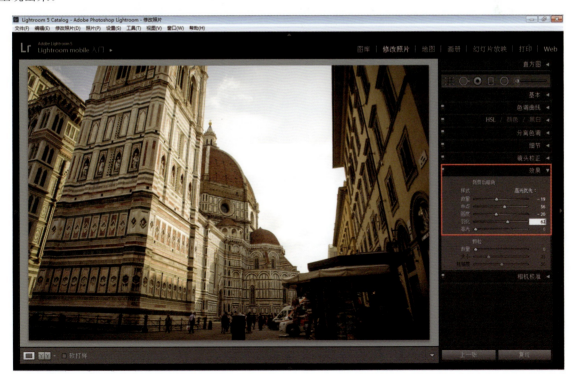

2. 调整后照片复位：对调整后的照片进行复位的操作，以便进行接下来天空部分的调整。

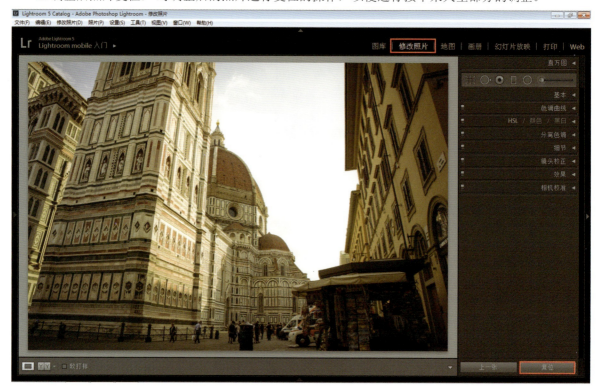

3. 天空部分的调整：天空部分的调整主要将侧重点放在色调的转换以及层次的加强上。

4. 图像的合成以及微调：对天空和地面部分的合成处理。另外通过曲线以及色阶的调整，使图像的最终效果更加精致、色调更加稳重。

后期处理步骤

一、建筑部分的调整

01 照片导入 在"图库"模块中，选择"文件">"导入照片和视频"命令，导入照片原始文件"11-3.jpg"。

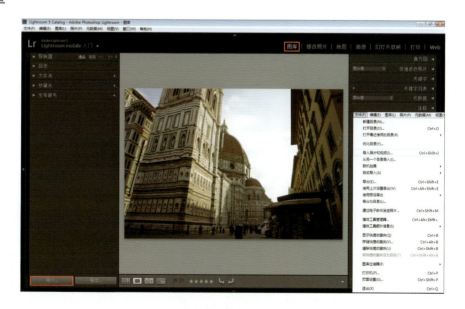

02 基本色调与光影的调整 这一步主要对图像进行初步调整,使地面部分呈现出暖调并且细节层次更加丰富。展开"基本"面板,分别从"白平衡"、"色调"以及"偏好"三个方面对图像色调以及光影进行调整,效果如图所示。

03 分通道进行色相的调整 展开"HSL"面板,选择"色相"选项,对各色通道分别进行调整,具体参数如图所示。

04 分通道进行饱和度的调整 展开"HSL"面板,选择"饱和度"选项,对各色通道分别进行调整,具体参数如图所示。

05 压暗四周，突出主体 通过压暗四周环境，使画面主体部分更加突出。展开"效果"面板，在"裁剪后暗角"中分别选择"数量"、"中点"、"圆度"、"羽化"以及"高光"等选项，通过拖曳滑块对图像进行调整，具体参数如图所示。

06 照片导出 调整完毕之后将文件导出。在"图库"模块中，选择"文件" > "导出"命令，导出修调好的照片。最终效果如图所示。

07 复位照片 将调整好的照片进行复位处理，以便接下来对天空部分进行修调。

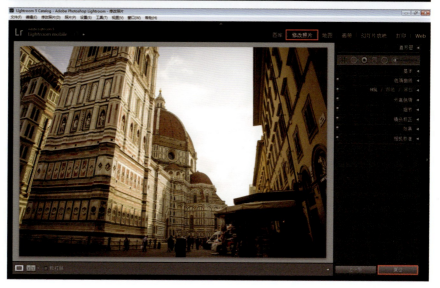

二、天空部分的调整

01 基本色调与光影的调整 这一步主要对图像进行初步调整，使天空部分的层次凸显出来，并且使其呈现偏蓝的色调。展开"基本"面板，分别从"白平衡"、"色调"以及"偏好"三个方面对图像色调以及光影进行调整，效果如图所示。

02 分通道进行色相的调整 展开"HSL"面板，选择"色相"选项，对蓝色通道进行调整，具体参数如图所示。

03 分通道进行饱和度的调整 提升天空部分的饱和度，使其色调更加饱满。展开"HSL"面板，选择"饱和度"选项，对蓝色通道进行调整，具体参数如图所示。

04 锐化并导出照片 通过锐度的调整，使画面中细节层次更加清晰。展开"细节"面板，在"锐化"中分别选择"数量"、"半径"、"细节"以及"蒙版"等选项，通过拖曳滑块对图像中锐度进行调整，具体参数如图所示。接下来导出调整好的照片。

05 照片导出 调整完毕之后将文件导出。在"图库"模块中，选择"文件">"导出"命令，导出修调好的照片。最终效果如图所示。

06 导入 Photoshop 中 将在 Lightroom 中调整好的片子以分层的形式导入到 Photoshop 中，以便接下来进行合成处理，效果如图所示。

07 天空地面的合成 通过添加图层蒙版并结合画笔工具对天空和地面进行合成处理，效果如图所示。

08 整体色调的微调 通过曲线、色阶等参数的调整使画面的色调更为统一，最终效果如图所示。

11.4 历史的轨迹

原始文件：Chapter 11/Media/11-4.jpg　　最终文件：Chapter 11/Complete/11-4.jpg

远处天空及近处路灯的色调是我们后期调整的重点，除此之外通过画面中明暗的对比以及色调上由红至绿的转换使片子的立体感更强，层次更丰富。需要注意的是为了凸显天空部分云彩的绚丽，还对地面部分进行适当压暗。

后期处理思路

核心问题：原图最主要的问题在于层次不够丰富且片子的色调过于平淡。因此在后期的修调中我们将大部分的时间放在立体感的塑造以及色彩的转换上。除此之外还应该注意画面中细节部分的调整，例如锐度以及四周的光影等。

1. 曝光对比的调整：这一步通过曝光度和对比度的调整使画面中的细节完整地呈现出来，以便接下来进行色调调整。

2. 高光部分的压暗：通过高光部分的压暗处理，使天空的云层凸显出来。

3. 整体光影的调整：通过光影的调整使画面的色调得以呈现。在这一步中主要通过压暗亮度把颜色信息提取出来。

4. 色调分通道调整：对天空和云霞部分的色调进行精确调整。

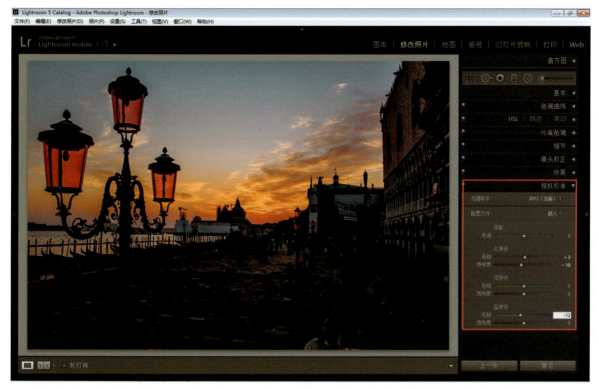

后期处理步骤

01 照片导入 在"图库"模块中，选择"文件">"导入照片和视频"命令，导入照片原始文件"11-4.jpg"。

02 色温的调整 略微增加整体色温，使其偏暖。展开"基本"面板，在"白平衡"中选择"色温"选项，通过拖曳滑块对图像的色温进行调整，具体参数如图所示。

03 色调的调整 对画面的色调进行调整使其效果更加唯美。展开"基本"面板，在"白平衡"中选择"色调"选项，通过拖曳滑块对图像的色调进行调整，具体参数如图所示。

04 曝光度的调整 适当增加画面的曝光，使细节部分呈现得更加完整。展开"基本"面板，在"色调"中选择"曝光度"选项，通过拖曳滑块对图像的曝光进行调整，具体参数如图所示。

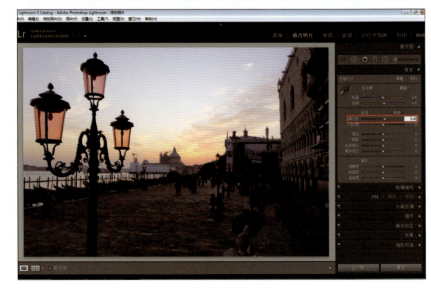

05 对比度的调整 增强图像的对比度,使其视觉效果更加立体。展开"基本"面板,在"色调"中选择"对比度"选项,通过拖曳滑块对图像的对比度进行调整,具体参数如图所示。

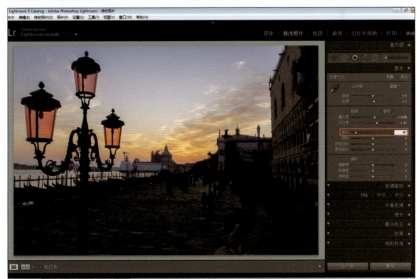

06 高光的调整 大幅降低高光区域的亮度,使画面中亮部的细节得以还原。展开"基本"面板,在"色调"中选择"高光"选项,通过拖曳滑块对图像的高光进行调整,具体参数如图所示。

07 阴影的调整 提升阴影区域的亮度,使暗部细节更加完整地呈现出来。展开"基本"面板,在"色调"中选择"阴影"选项,通过拖曳滑块对图像的阴影部分进行调整,具体参数如图所示。

08 白色色阶的调整 通过降低白色色阶的指数来还原画面中亮部区域的细节，使其层次更加丰富。展开"基本"面板，在"色调"中选择"白色色阶"选项，通过拖曳滑块对图像中白色色阶的指数进行调整，具体参数如图所示。

09 黑色色阶的调整 通过降低黑色色阶的指数使画面色彩信息更好地呈现出来，片子的颜色看起来也更加丰富。展开"基本"面板，在"色调"中选择"黑色色阶"选项，通过拖曳滑块对图像中黑色色阶的指数进行调整，具体参数如图所示。

10 清晰度的调整 提升整体画面的清晰度，使细节层次更加完整。展开"基本"面板，在"偏好"中选择"清晰度"选项，通过拖曳滑块对图像的清晰度进行调整，具体参数如图所示。

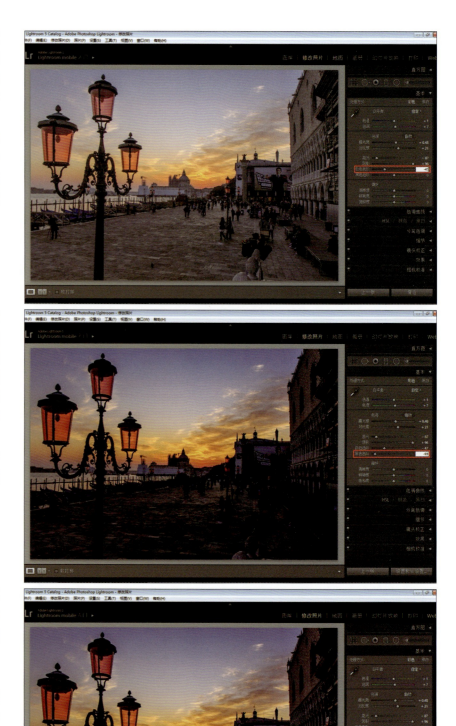

11 鲜艳度的调整 适当提升画面整体鲜艳度，使云霞的色调更加绚丽。展开"基本"面板，在"偏好"中选择"鲜艳度"选项，通过拖曳滑块对图像的鲜艳度进行调整，具体参数如图所示。

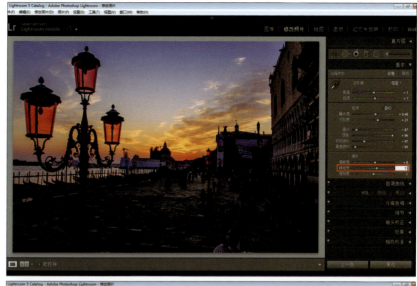

12 饱和度的调整 提升画面饱和度，使片子看起来更有厚重感。展开"基本"面板，在"偏好"中选择"饱和度"选项，通过拖曳滑块对图像的饱和度进行调整，具体参数如图所示。

13 分通道进行色相的调整 展开"HSL"面板，选择"色相"选项，对各色通道分别进行调整，具体参数如图所示。

14 分通道进行饱和度的调整 展开"HSL"面板，选择"饱和度"选项，对各色通道分别进行调整，具体参数如图所示。

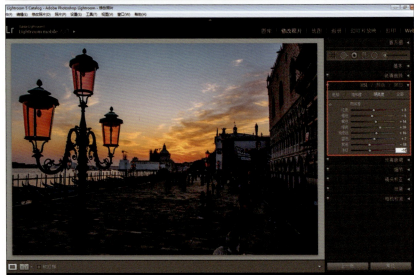

15 分通道进行明亮度的调整 展开"HSL"面板，选择"明亮度"选项，对各色通道分别进行调整，具体参数如图所示。

16 分离色调的调整 展开"分离色调"面板，在"高光"和"阴影"中分别选择"色相"和"饱和度"选项，通过拖曳滑块对图像进行调整，具体参数如图所示。

17 锐化 通过锐度的调整，使画面中细节层次更加清晰。展开"细节"面板，在"锐化"中分别选择"数量"、"半径"、"细节"以及"蒙版"等选项，通过拖曳滑块对图像中锐度进行调整，具体参数如图所示。

18 照片导出 调整完毕之后将文件导出。在"图库"模块中，选择"文件">"导出"命令，导出修调好的照片。最终效果如图所示。

CHAPTER 12
使用Lightroom处理人文照片

目　　的：通过使用LR5的修改照片功能，综合性地修饰人文类的照片，调整出让人意想不到的效果。
功　　能：完善和修饰人文照片。
讲解思路：照片修饰前后对比→实际修改步骤→最终效果展示
主要内容：修改照片

本章主要包括4个案例，主要涉及人文类照片的修调。通过具体案例的实际修整操作，使读者更加熟练地掌握各种不同的修改功能。

12.1 勾出馋虫的开胃菜

原始文件：Chapter 12/Media/12-1.jpg 　　最终文件：Chapter 12/Complete/12-1.jpg

经过分析可以发现在该案例中表现美食的主要方式是片子的精修以及光影的调整。至于色调方面，由于图像本身并不具备很浓重的色彩，因此我们只需要将画面的色彩信息进行适当提炼即可。最终一幅清新淡雅的照片就算完成了。

后期处理思路

核心问题：原图中整体曝光不足，使画面看起来比较灰暗。同时，由于色调的平淡，使片子中的美食不够吸引人。针对以上存在的种种问题在修调中将重点放在画面亮度的调整上，并对图像的色调加以转换，最终使片子更富有立体感与层次感。

1. 曝光度大幅提升：通过大幅提升曝光度，使画面中的细节部分完整地呈现出来，以便接下来进行色调的调整。

2. 色调的初步确定：对画面的色调进行初步调整，使片子呈现出偏黄色的效果并且适当提升饱和度，使食物看起来更加诱人。

3. 色彩的精确调整：通过分通道调整的方式对画面中的色彩进行调整，使颜色信息更加丰富、整体效果更加饱满。

CHAPTER 12　使用 Lightroom 处理人文照片

4.调整画笔的应用：通过调整画笔的应用对部分区域进行曝光度以及色调的调整，使片子的最终效果更加细腻。

后期处理步骤

01 照片导入 在"图库"模块中，选择"文件">"导入照片和视频"命令，导入照片原始文件"12-1.jpg"。

02 色温的调整 略微降低整体色温,使其偏冷。展开"基本"面板,在"白平衡"中选择"色温"选项,通过拖曳滑块对图像的色温进行调整,具体参数如图所示。

03 曝光度的调整 提升画面的曝光,使细节层次完整呈现。展开"基本"面板,在"色调"中选择"曝光度"选项,通过拖曳滑块对图像的曝光进行调整,具体参数如图所示。

04 对比度的调整 适当增加画面的对比度,使片子看起来更加立体。展开"基本"面板,在"色调"中选择"对比度"选项,通过拖曳滑块对图像的对比度进行调整,具体参数如图所示。

05 阴影的调整 大幅增加暗部区域的亮度，使暗部细节更加清楚。展开"基本"面板，在"色调"中选择"阴影"选项，通过拖曳滑块对图像的阴影进行调整，具体参数如图所示。

06 白色色阶的调整 适当降低白色色阶的指数，使高光区域不至于过亮。展开"基本"面板，在"色调"中选择"白色色阶"选项，通过拖曳滑块对图像的高光进行调整，具体参数如图所示。

07 清晰度的调整 适当增加画面的清晰度，使细节部分更加分明。展开"基本"面板，在"偏好"中选择"清晰度"选项，通过拖曳滑块对图像的清晰度进行调整，具体参数如图所示。

08 鲜艳度的调整 适当提升画面的鲜艳度，使片子色调更加明艳。展开"基本"面板，在"偏好"中选择"鲜艳度"选项，通过拖曳滑块对图像的鲜艳度进行调整，具体参数如图所示。

09 饱和度的调整 增加图像的饱和度，使画面看起来更加艳丽。展开"基本"面板，在"偏好"中选择"饱和度"选项，通过拖曳滑块对图像的饱和度进行调整，具体参数如图所示。

10 分通道进行饱和度的调整 展开"HSL"面板，选择"饱和度"选项，对各色通道分别进行调整，具体参数如图所示。

CHAPTER 12　使用 Lightroom 处理人文照片

11 锐化 通过锐度的调整，使画面中细节层次更加清晰。展开"细节"面板，在"锐化"中分别选择"数量"、"半径"、"细节"以及"蒙版"等选项，通过拖曳滑块对图像中锐度进行调整，具体参数如图所示。

12 压暗四周，突出主体 通过压暗四周环境，使画面主体部分更加突出。展开"效果"面板在"裁剪后暗角"中分别选择"数量"、"中点"、"圆度"、"羽化"以及"高光"等选项，通过拖曳滑块对图像进行调整，具体参数如图所示。

13 汤色的调整 通过"调整画笔"工具，对画面中碗内汤汁的颜色进行调整。单击"调整画笔"工具，设置参数后对碗内的部分进行调整，具体参数如图所示。

321

14 托盘的调整 通过"调整画笔"工具，对画面中托盘的色温以及色调进行调整。单击"调整画笔"工具，设置参数后对托盘部分进行调整，具体参数如图所示。

15 照片导出 调整完毕之后将文件导出。在"图库"模块中，选择"文件">"导出"命令，导出修调好的照片。最终效果如图所示。

12.2 玻璃建筑的透明世界

原始文件：Chapter 12/Media/12-2.jpg　　最终文件：Chapter 12/Complete/12-2.jpg

　　这是一张拍摄玻璃橱窗的照片，通过玻璃的质感以及光线的反射来体现橱窗内物品的精美。因此后期修调应该将重点放在玻璃橱窗以及光线的反射上。当然方法有很多，例如通过压暗暗部、提亮亮部使整体对比度加强、通过锐度的提升使画面的细节展现得更加清晰。总之，最终目的只有一个，就是将片子的最佳效果呈现在读者的面前。

后期处理思路

　　核心问题：原图在曝光以及色调上并无太大问题。后期只需要在颜色上添加少许的青色元素即可，并且适当地加强整体对比度。除此之外，还应该注意细节层次的还原。最终既能有效地体现出玻璃橱窗的通透且不失整体色调的唯美。

　　1. 色调光影的调整：对图像的色调以及光影进行初步调整，使画面的层次完整地呈现出来。

2. 再次加强对比度：这一步通过曲线的调整再次加强对比度，使图像更加立体、清晰。

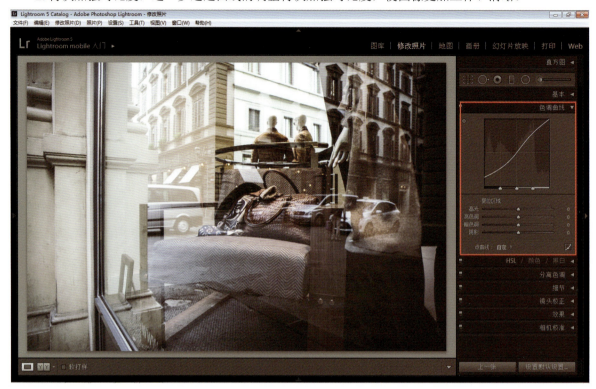

3. 图像色调的转换：通过分离色调的方式对画面的颜色进行轻微调整，使其呈现出偏青效果。

4.图像的精确调整：这一步对锐度等细节进行调整，其目的是使画面呈现出的效果更加精致。

后期处理步骤

01 照片导入 在"图库"模块中，选择"文件">"导入照片和视频"命令，导入照片原始文件"12-2.jpg"。

02 色温的调整 略微增加整体色温,使其偏暖。展开"基本"面板,在"白平衡"中选择"色温"选项,通过拖曳滑块对图像的色温进行调整,具体参数如图所示。

03 对比度的调整 强化图像的对比度,使其视觉效果更加立体。展开"基本"面板,在"色调"中选择"对比度"选项,通过拖曳滑块对图像的对比度进行调整,具体参数如图所示。

04 高光的调整 大幅增加高光区域的亮度,使画面更加通透。展开"基本"面板,在"色调"中选择"高光"选项,通过拖曳滑块对图像的高光进行调整,具体参数如图所示。

05 阴影的调整 降低阴影区域的亮度，使画面更加立体。展开"基本"面板，在"色调"中选择"阴影"选项，通过拖曳滑块对图像的阴影部分进行调整，具体参数如图所示。

06 白色色阶的调整 通过提高白色色阶的参数，再次提升画面中的亮部区域。展开"基本"面板，在"色调"中选择"白色色阶"选项，通过拖曳滑块对图像中白色色阶的指数进行调整，具体参数如图所示。

07 黑色色阶的调整 通过略微提升黑色色阶的参数使图像中暗部细节呈现得更加完整。展开"基本"面板，在"色调"中选择"黑色色阶"选项，通过拖曳滑块对图像中黑色色阶的指数进行调整，具体参数如图所示。

08 清晰度的调整 提升整体画面的清晰度，使细节层次更加完整。展开"基本"面板，在"偏好"中选择"清晰度"选项，通过拖曳滑块对图像的清晰度进行调整，具体参数如图所示。

09 鲜艳度的调整 适当提升画面整体鲜艳度，使玻璃橱窗的色调更加丰富。展开"基本"面板，在"偏好"中选择"鲜艳度"选项，通过拖曳滑块对图像的鲜艳度进行调整，具体参数如图所示。

10 饱和度的调整 略微降低画面饱和度，使其看起来更加沉稳并从视觉上提升片子的厚度。展开"基本"面板，在"偏好"中选择"饱和度"选项，通过拖曳滑块对图像的饱和度进行调整，具体参数如图所示。

11 曲线的调整 通过调整曲线的方式适当增加图像的对比度使其更加立体，除此之外大幅提升画面中暗部区域的亮度，使细节层次更加丰富。展开"色调曲线"面板，分别选择其中的"高光"、"亮色调"、"暗色调"和"阴影"选项，通过拖曳滑块对图像曲线进行调整，具体参数如图所示。

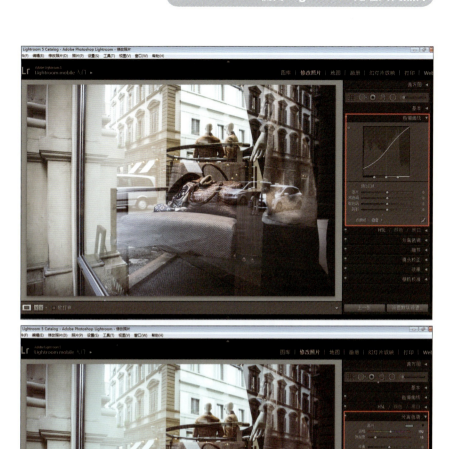

12 分离色调的调整 展开"分离色调"面板，在"高光"和"阴影"中分别选择"色相"和"饱和度"选项，通过拖曳滑块对图像进行调整，具体参数如图所示。

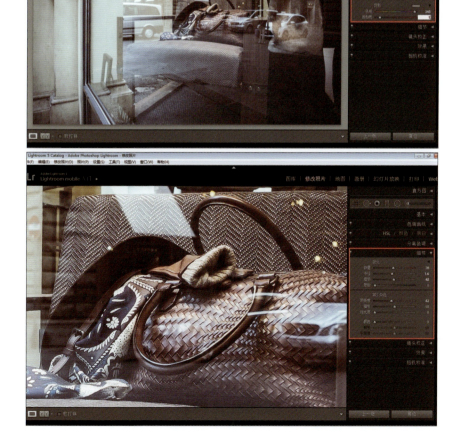

13 锐化 通过锐度的调整，使画面中细节层次更加清晰。展开"细节"面板，在"锐化"中分别选择"数量""半径""细节"以及"蒙版"等选项，通过拖曳滑块对图像中锐度进行调整，具体参数如图所示。

14 相机校准 对"相机校准"参数进行设置。展开"相机校准"面板,在"配置文件"中分别选择"红原色"和"蓝原色"两个选项,通过拖曳"色相"和"饱和度"滑块对图像进行调整,具体参数如图所示。

15 照片导出 调整完毕之后将文件导出。在"图库"模块中,选择"文件">"导出"命令,导出修调好的照片。最终效果如图所示。

12.3 怀旧色调的港湾

原始文件：Chapter 12/Media/12-3.jpg　　最终文件：Chapter 12/Complete/12-3.jpg

这是一幅蓝天白云下海面泊船的景象，通过后期调整使画面的颜色显得更加明快，一改之前灰蒙蒙的感觉。除此之外，天空的层次也更加丰富。

后期处理思路

核心问题：原图中曝光还算是可以的，没有太多过曝或者是欠曝的情况，只是在色调上有所欠缺，整体画面看起来有一些单薄的感觉。除此之外就是天空部分，这可以作为后期调整的一个重点，主要将侧重点放在色调的转换以及天空中云朵层次的强化上，使其呈现出更加立体的效果。

1. 基本参数的调整：这一步主要针对画面的白平衡、色调以及偏好等信息进行初步的调整。

2. 图像的精确调整：初步调整之后需要对画面进行精确的修调，例如分通道进行颜色的转换、锐度的加强、立体感的强化等。

后期处理步骤

01 照片导入 在"图库"模块中，选择"文件" > "导入照片和视频"命令，导入照片原始文件"12-3.jpg"。

CHAPTER 12 使用 Lightroom 处理人文照片

02 基本色调与光影的调整 这一步主要对图像进行初步调整，除了体现出画面的层次感之外使其呈现出偏蓝的色调。展开"基本"面板，分别从"白平衡""色调"以及"偏好"三个方面对图像色调以及光影进行调整，效果如图所示。

03 色调曲线的调整 通过调整曲线的方式适当增加图像的对比度，使其更加立体。展开"色调曲线"面板分别选择其中的"亮色调"和"阴影"选项，通过拖曳滑块对图像曲线进行调整，具体参数如图所示。

04 分通道进行颜色的调整 分通道对画面中颜色的色相、饱和度以及明亮度进行调整。展开"HSL"面板，在"色相"、"饱和度"以及"明亮度"中分别对各色通道分别进行调整，具体参数如图所示。

333

05 分离色调的处理 展开"分离色调"面板，在"高光"和"阴影"中分别选择"色相"和"饱和度"选项，通过拖曳滑块对图像的色调进行调整，具体参数如图所示。

06 锐化 通过锐度的调整，使画面中细节层次更加清晰。展开"细节"面板，在"锐化"中选择"数量"选项，通过拖曳滑块对图像锐度进行调整，具体参数如图所示。

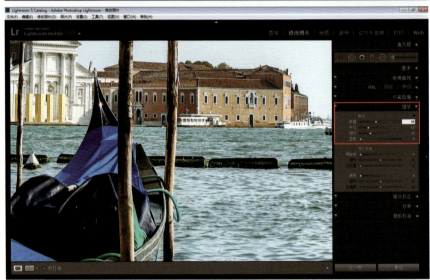

07 压暗四周并导出照片 通过压暗四周环境，使画面主体部分更加突出。展开"效果"面板，在"裁剪后暗角"中选择"数量"选项，通过拖曳滑块对图像进行调整，具体参数如图所示。接下来导出调整好的照片。

12.4 清晨的古镇

原始文件：Chapter 12/Media/12-4.jpg　　　最终文件：Chapter 12/Complete/12-4.jpg

　　该案例将调整的重点放在了天空以及倒影上，通过对层次的加强以及色调的转换使天空和倒影成为片子中比较出彩的地方。除此之外对画面中暗部区域适当提亮，使细节层次完整地呈现出来。

后期处理思路

　　核心问题：原图中整体曝光还可以，只是暗部的一些细节体现得不是很完整。在色调方面，片子略微偏黄无法给人以清新感。除此之外，需要注意的一点是天空和湖面应作为该案例调整的一个重点，通过对天空以及倒影层次的加强使画面更加立体与生动。

　　1. 建筑部分的调整：通过曝光度以及阴影的调整使画面中的暗部细节完整地呈现出来，并且通过色温的调整使片子呈现偏冷的效果。

2. 天空部分的调整：通过色调、曝光度以及对比度等参数的调整，使天空的层次更加丰富，并且色调更加浓重。

3. 天空地面的拼接：通过将调整后的天空和地面部分进行拼接处理，使画面完美地融为一体，以便接下来进行精细调整。

4. 画面的精细调整：通过曲线以及饱和度等参数的调整使画面色调更加沉稳，再进行中灰度的调整，让画面看起来更加立体。

后期处理步骤

一、建筑部分的调整

01 照片导入 在"图库"模块中,选择"文件"/"导入照片和视频"命令,导入照片原始文件"12-4.jpg"。

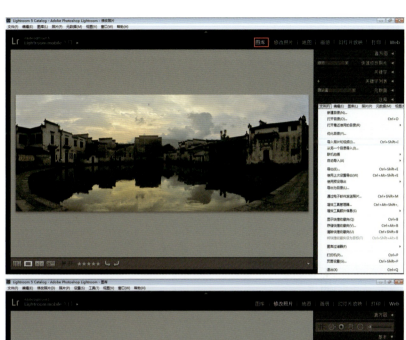

02 色温的调整 大幅降低色温,使画面呈现出偏蓝的色调。展开"基本"面板,在"白平衡"中选择"色温"选项,通过拖曳滑块对图像的色温进行调整,具体参数如图所示。

03 色调的调整 通过色调的调整使画面的颜色看起来更柔和。展开"基本"面板,在"白平衡"中选择"色调"选项,通过拖曳滑块对图像的色调进行调整,具体参数如图所示。

04 曝光度的调整 适当降低曝光度，使画面中的色彩信息较好地展现出来。展开"基本"面板，在"色调"中选择"曝光度"选项，通过拖曳滑块对图像的亮度进行调整，具体参数如图所示。

05 对比度的调整 适当提升画面的对比度，使片子更加立体。展开"基本"面板，在"色调"中选择"对比度"选项，通过拖曳滑块对图像的对比度进行调整，具体参数如图所示。

06 高光的调整 大幅提升片子高光区域的亮度，使整体更加通透。展开"基本"面板，在"色调"中选择"高光"选项，通过拖曳滑块对图像的高光区域进行调整，具体参数如图所示。

CHAPTER 12　使用 Lightroom 处理人文照片

07 阴影的调整 略微提亮画面中的暗部区域，使细节部分呈现得更加完整。展开"基本"面板，在"色调"中选择"阴影"选项，通过拖曳滑块对图像的阴影区域进行调整，具体参数如图所示。

08 黑色色阶的调整 通过调整黑色色阶，略微提升黑色区域的亮度。展开"基本"面板，在"色调"中选择"黑色色阶"选项，通过拖曳滑块对图像的黑色色阶进行调整，具体参数如图所示。

09 清晰度的调整 通过清晰度的调整使画面中细节部分呈现得更加分明。展开"基本"面板，在"偏好"中选择"清晰度"选项，通过拖曳滑块对图像的清晰度进行调整，具体参数如图所示。

10 鲜艳度的调整 适当提升鲜艳度，使画面中的色彩更加艳丽。展开"基本"面板，在"偏好"中选择"鲜艳度"选项，通过拖曳滑块对图像的鲜艳度进行调整，具体参数如图所示。

11 饱和度的调整 略微降低画面的饱和度，使片子更加沉稳厚重。展开"基本"面板，在"偏好"中选择"饱和度"选项，通过拖曳滑块对图像的饱和度进行调整，具体参数如图所示。

12 曲线的调整 通过调整曲线的方式适当增加图像的对比度使其更加立体。展开"色调曲线"面板，分别选择其中的"高光"、"亮色调"、"暗色调"和"阴影"选项，通过拖曳滑块对图像的对比度进行调整，具体参数如图所示。

CHAPTER 12　使用 Lightroom 处理人文照片

13 分通道进行色相的调整　展开"HSL"面板,选择"色相"选项,对各色通道分别进行调整,具体参数如图所示。

14 分通道进行饱和度的调整　展开"HSL"面板,选择"饱和度"选项,对各色通道分别进行调整,具体参数如图所示。

15 分通道进行明亮度的调整　展开"HSL"面板,选择"明亮度"选项,对各色通道分别进行调整,具体参数如图所示。

16 锐化 通过锐度的调整，使画面中细节层次更加清晰。展开"细节"面板，在"锐化"中分别选择"数量"、"半径"、"细节"以及"蒙版"等选项，通过拖曳滑块对图像中锐度进行调整，具体参数如图所示。

17 压暗四周，突出主体 通过对四周的压暗处理，使画面中的人物部分更加突出。展开"效果"面板，在"裁剪后暗角"中分别选择"数量"、"中点"、"圆度"、"羽化"以及"高光"等选项，通过拖曳滑块对图像四周亮度进行调整，具体参数如图所示。

18 照片导出 调整完毕之后将文件导出。在"图库"模块中，选择"文件">"导出"命令，导出修调好的照片。最终效果如图所示。

19 照片复位 在"修改照片"面板中单击页面右下方的"复位"按钮,将调整后的照片进行复位处理,以便接下来进行天空部分的调整。

20 照片复位效果 将调整好的照片进行复位处理,效果如图所示。

二、天空部分的调整

01 色温的调整 略微降低画面色温,使其呈现出偏蓝的效果。展开"基本"面板,在"白平衡"中选择"色温"选项,通过拖曳滑块对图像的色温进行调整,具体参数如图所示。

02 色调的调整 略微调整色调，使天空部分的蓝色更柔和。展开"基本"面板，在"白平衡"中选择"色调"选项，通过拖曳滑块对图像的色调进行调整，具体参数如图所示。

03 曝光度的调整 通过大幅降低曝光度，使天空部分的云层更加分明。展开"基本"面板，在"色调"中选择"曝光度"选项，通过拖曳滑块对图像的亮度进行调整，具体参数如图所示。

04 对比度的调整 通过提升画面对比度的方式再次加强天空部分的层次感。展开"基本"面板，在"色调"中选择"对比度"选项，通过拖曳滑块对图像的对比度进行调整，具体参数如图所示。

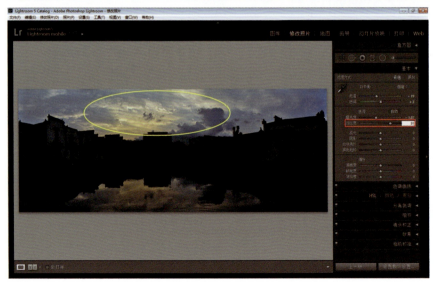

05 高光的调整 轻微提升画面中高光区域的亮度，使云层的亮部更加通透。展开"基本"面板，在"色调"中选择"高光"选项，通过拖曳滑块对图像的高光进行调整，具体参数如图所示。

06 阴影的调整 大幅降低阴影部分的亮度，除了使天空的层次更加分明之外，同时使片子中的色彩信息更好地体现出来。展开"基本"面板，在"色调"中选择"阴影"选项，通过拖曳滑块对图像的暗部区域进行调整，具体参数如图所示。

07 白色色阶的调整 通过增加白色色阶的指数使画面中亮部区域再次提亮，从而使云层更加通透。展开"基本"面板，在"色调"中选择"白色色阶"选项，通过拖曳滑块对图像的亮部区域进行调整，具体参数如图所示。

08 黑色色阶的调整 大幅降低画面中黑色色阶的参数，从而起到了加强对比的作用。展开"基本"面板，在"色调"中选择"黑色色阶"选项，通过拖曳滑块对图像的暗部区域进行调整，具体参数如图所示。

09 清晰度的调整 适当增加画面的清晰度，主要目的在于加强天空的细节层次。展开"基本"面板，在"偏好"中选择"清晰度"选项，通过拖曳滑块对图像的清晰度进行调整，具体参数如图所示。

10 鲜艳度的调整 大幅提升画面中的鲜艳度，使天空云彩更加绚丽。展开"基本"面板，在"偏好"中选择"鲜艳度"选项，通过拖曳滑块对图像的鲜艳度进行调整，具体参数如图所示。

11 饱和度的调整 通过降低饱和度使画面中的颜色更加沉稳厚重。展开"基本"面板，在"偏好"中选择"饱和度"选项，通过拖曳滑块对图像的饱和度进行调整，具体参数如图所示。

12 曲线的调整 通过调整曲线的方式适当增加图像的对比度使其更加立体。展开"色调曲线"面板，分别选择其中的"高光"、"亮色调"、"暗色调"和"阴影"选项，通过拖曳滑块对图像曲线进行调整，具体参数如图所示。

13 分通道进行色相的调整 展开"HSL"面板，选择"色相"选项，对各色通道分别进行调整，具体参数如图所示。

14 分通道进行饱和度的调整 展开"HSL"面板,选择"饱和度"选项,对各色通道分别进行调整,具体参数如图所示。

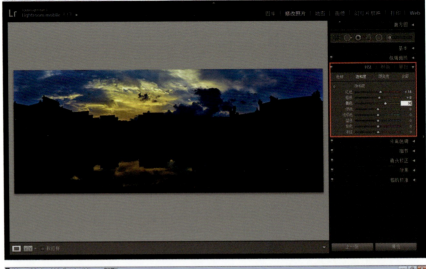

15 分通道进行明亮度的调整 展开"HSL"面板,选择"明亮度"选项,对各色通道分别进行调整,具体参数如图所示。

16 锐化 通过锐度的调整,使画面中细节层次更加清晰。展开"细节"面板,在"锐化"中分别选择"数量"、"半径"、"细节"以及"蒙版"等选项,通过拖曳滑块对图像的锐度进行调整,具体参数如图所示。

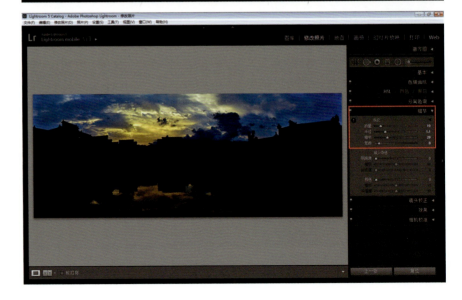

17 压暗四周并导出照片 通过对四周的压暗处理，使画面中的主体部分更加突出。展开"效果"面板，在"裁剪后暗角"中分别选择"数量"、"中点"、"圆度"、"羽化"以及"高光"等选项，通过拖曳滑块对图像四周亮度进行调整，具体参数如图所示。接下来导出调整好的照片。

18 照片以分层的形式导入 Photoshop 中 将在 Lightroom 中调整好的照片以分层的形式导入到 Photoshop 中，以便进行接下来的拼接处理，效果如图所示。

19 照片的拼接处理 通过添加图层蒙版并结合画笔工具的使用对天空和地面部分进行拼接处理，使二者完美地融为一体，效果如图所示。

20 照片色调的精细处理 由于拼接后的照片在色调上略显艳丽，不够柔和，通过曲线、色阶等参数对其进行调整，并通过中灰图层的建立手动塑造画面的立体感，最终效果如图所示。

CHAPTER 13
使用 Lightroom 处理人物照片

目　　的：通过使用 LR5 的修改照片功能，综合性地修饰人物的照片，调整出让人意想不到的效果。
功　　能：完善和修饰人物照片。
讲解思路：照片修饰前后对比→实际修改步骤→最终效果展示
主要内容：修改照片

本章主要包括 2 个案例，主要涉及人物照片的修调。通过具体案例的实际修整操作，使读者更加熟练地掌握各种不同的修改功能。

CHAPTER 13 使用 Lightroom 处理人物照片

13.1 凝望

原始文件：Chapter 13/Media/13-1.jpg　　最终文件：Chapter 13/Complete/13-1.jpg

该案例图片在整体欠曝的情况下却出现了高光部分过曝的现象，这是后期修调中比较难处理的一种情况。除了对整体亮度进行提升之外，还需要单独压暗过曝的区域，以此来恢复其中的细节层次，最终使整体光影趋于正常。该案例中光影的重塑可以作为我们学习的重点。

后期处理思路

核心问题：原图中整体曝光不足，因此片子看起来比较暗。除此之外画面的对比度过强，使欠曝区域的部分细节层次有所损失，而过曝区域则看起来比较突兀。这些问题都是后期修调过程中需要格外注意的一些地方。

1. 光影的初步调整：通过曝光度、高光、阴影以及白色色阶、黑色色阶等参数的调整，使画面的光影趋于正常。

2. 色调的初步确定：对画面的色调进行初步调整，使其呈现出比较明媚的视觉效果。

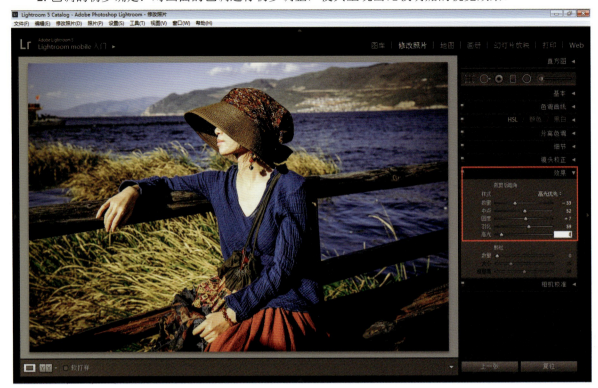

3. 导入 Photoshop 中进行精修处理：将在 Lightroom 中调整好的片子转入 Photoshop 中针对其光影做进一步修调。

CHAPTER 13　使用 Lightroom 处理人物照片

后期处理步骤

01 照片导入 在"图库"模块中,选择"文件">"导入照片和视频"命令,导入照片原始文件"13-1.jpg"。

02 色温的调整 略微降低整体色温,使画面偏冷。展开"基本"面板,在"白平衡"中选择"色温"选项,通过拖曳滑块对图像的色温进行调整,具体参数如图所示。

03 色调的调整 通过降低色调的方式,使画面中的色彩更加柔和。展开"基本"面板,在"白平衡"中选择"色调"选项,通过拖曳滑块对图像的色调进行调整,具体参数如图所示。

355

04 曝光度的调整 大幅提升画面的曝光度，使细节层次还原出来。展开"基本"面板，在"色调"中选择"曝光度"选项，通过拖曳滑块对图像的亮度进行调整，具体参数如图所示。

05 对比度的调整 提升画面的对比度，使片子更加立体。展开"基本"面板，在"色调"中选择"对比度"选项，通过拖曳滑块对图像的对比度进行调整，具体参数如图所示。

06 高光的调整 适当降低高光区域的亮度，使其中的层次更好地展现出来。展开"基本"面板，在"色调"中选择"高光"选项，通过拖曳滑块对图像的高光进行调整，具体参数如图所示。

CHAPTER 13 使用 Lightroom 处理人物照片

07 阴影的调整 大幅提升阴影部分的亮度，有效提取其中的细节层次。展开"基本"面板，在"色调"中选择"阴影"选项，通过拖曳滑块对图像的暗部区域进行调整，具体参数如图所示。

08 白色色阶的调整 通过降低白色色阶的指数来压暗高光区域的曝光。展开"基本"面板，在"色调"中选择"白色色阶"选项，通过拖曳滑块对图像的亮部区域进行调整，具体参数如图所示。

09 黑色色阶的调整 通过大幅提升黑色色阶的指数，使暗部区域的细节凸显出来。展开"基本"面板，在"色调"中选择"黑色色阶"选项，通过拖曳滑块对图像的暗部区域进行调整，具体参数如图所示。

357

10 清晰度的调整 适当增加画面的清晰度，使细节层次更加丰富。展开"基本"面板，在"偏好"中选择"清晰度"选项，通过拖曳滑块对图像清晰度进行调整，具体参数如图所示。

11 鲜艳度的调整 略微降低画面的鲜艳度，使人物的服饰以及景色色调更加沉稳厚重。展开"基本"面板，在"偏好"中选择"鲜艳度"选项，通过拖曳滑块对图像鲜艳度进行调整，具体参数如图所示。

12 饱和度的调整 略微降低画面的饱和度，使画面的色彩更加自然柔和。展开"基本"面板，在"偏好"中选择"饱和度"选项，通过拖曳滑块对图像的饱和度进行调整，具体参数如图所示。

13 曲线的调整 通过调整曲线的方式适当增加整体画面的亮度。展开"色调曲线"面板,分别选择其中的"高光"、"亮色调"、"暗色调"和"阴影"选项,通过拖曳滑块对图像曲线进行调整,具体参数如图所示。

14 分通道进行色相的调整 展开"HSL"面板选择"色相"选项,对各色通道分别进行调整,具体参数如图所示。

15 分通道进行饱和度的调整 展开"HSL"面板,选择"饱和度"选项,对各色通道分别进行调整,具体参数如图所示。

16 分通道进行明亮度的调整 展开"HSL"面板,选择"明亮度"选项,对各色通道分别进行调整,具体参数如图所示。

17 锐化 通过锐度的调整,使画面中细节层次更加清晰。展开"细节"面板,在"锐化"中分别选择"数量"、"半径"、"细节"以及"蒙版"等选项,通过拖曳滑块对图像的锐度进行调整,具体参数如图所示。

18 压暗四周并导出照片 通过对四周的压暗处理,使画面中的人物部分更加突出。展开"效果"面板,在"裁剪后暗角"中分别选择"数量"、"中点"、"圆度"、"羽化"以及"高光"等选项,通过拖曳滑块对图像四周亮度进行调整,具体参数如图所示。接下来导出调整好的照片。

CHAPTER 13　使用 Lightroom 处理人物照片

19 在 Photoshop 中对色阶进行调整 通过色阶的调整对画面的中间调进行提亮，使片子中的人物部分更加通透，效果如图所示。

20 在 Photoshop 中对曲线进行调整 通过曲线的调整，对整体画面的色调进行微调，使片子更具清新淡雅的感觉，效果如图所示。

21 在 Photoshop 中对曲线进行调整 通过曲线的调整，对画面的四周进行压暗处理，使片子的主体更加突出、人物部分更加醒目，最终效果如图所示。

361

13.2 沙滩上的童趣

原始文件：Chapter 13/Media/13-2.jpg　　最终文件：Chapter 13/Complete/13-2.jpg

该案例的修调主要将侧重点放在了色调的转换上。调整后的照片从光影上来看层次感更加丰富，而在色调上主要采用蓝色为主色调，使整体画面显得更加清新。

后期处理思路

核心问题：原图中由于人物部分饱和度以及明度过低，使画面的主体部分不够突出。除此之外，背景部分色调过于灰暗使片子从总体上缺乏层次感。在后期的修调中应当选择较为鲜亮的颜色，通过色彩的巧妙搭配来表现出阳光明媚的下午孩子在海边嬉戏的明快感觉。

1. 基本参数的调整：通过曝光度、对比度、清晰度等参数的调整，使画面的光影趋于正常，并对色调进行初步的调整。

2. 手动对画面进行细致的调整：通过调整画笔以及渐变滤镜的应用，对片子进行分区调色，使画面的色彩更加丰富。

后期处理步骤

01 基本色调与光影的调整 对图像进行初步调整，使画面的曝光以及对比度等趋于正常，使片子呈现出通透的效果。展开"基本"面板，分别从"白平衡"、"色调"以及"偏好"三个方面对图像色调以及光影进行调整，效果如图所示。

02 分通道进行饱和度的调整 展开"HSL"面板，选择"饱和度"选项，对各色通道分别进行调整，具体参数如图所示。

03 分通道进行明亮度的调整 展开"HSL"面板,选择"明亮度"选项,对各色通道分别进行调整,具体参数如图所示。

04 压暗四周,突出主体 通过压暗四周环境,使画面主体人物部分更加突出。展开"效果"面板,在"裁剪后暗角"中分别选择"数量"、"中点"、"圆度"等选项,通过拖曳滑块对图像进行调整,具体参数如图所示。

05 人物肤色的调整 通过调整画笔的应用对画面中人物肤色的部分进行调整。单击"调整画笔"工具,对其进行参数设置后,在人物肤色的区域进行涂抹,具体参数如图所示。

CHAPTER 13　使用 Lightroom 处理人物照片

06 海水部分的调整 通过调整画笔的应用对海水部分颜色进行转换。单击"调整画笔"工具对其进行参数设置后，在海水区域进行涂抹，具体参数如图所示。

07 沙滩部分的调整 通过调整画笔的应用对沙滩部分颜色进行转换。单击"调整画笔"工具对其进行参数设置后，在沙滩区域进行涂抹，具体参数如图所示。

08 渐变处理并导出照片 为了使画面中有由远及近颜色上的转变，在图像右上角区域做蓝色渐变效果。单击"渐变滤镜"工具，对其进行参数设置后，在页面上制作蓝色渐变效果，具体参数如图所示。接下来导出调整好的照片。

365